人民防空工程设计丛书

人民防空工程概论

杨延军　李建民　吴　涛　编著

中国计划出版社

图书在版编目（CIP）数据

人民防空工程概论/杨延军，李建民，吴涛编著．北京：
中国计划出版社，2006.8（2022.2 重印）
（人民防空工程设计丛书）
ISBN 978-7-80177-685-3

Ⅰ．人… Ⅱ．①杨… ②李… ③吴… Ⅲ．人防工程-
概论 Ⅳ．TU927

中国版本图书馆 CIP 数据核字（2006）第 058896 号

人民防空工程设计丛书
人民防空工程概论
杨延军 李建民 吴涛 编著

中国计划出版社出版发行
网址：www.jhpress.com
地址：北京市西城区木樨地北里甲 11 号国宏大厦 C 座 3 层
邮政编码：100038 电话：（010）63906433（发行部）
三河富华印刷包装有限公司印刷

787mm×1092mm 1/16 9.5 印张 238 千字
2006 年 8 月第 1 版 2022 年 2 月第 5 次印刷

ISBN 978-7-80177-685-3
定价：40.00 元
（内部发行）

《人民防空工程设计丛书》编审人员名单

主　　编： 李刻铭　李建民　吴　涛

编写人员：（按丛书顺序，排名不分先后）

杨延军　吴　涛　曹继勇　马吉民　丁志斌
方志刚　邢建春　周壁华　李建民　谢金容
张尚根　朱培根　任俊宏　石立华　王　平
耿世彬　崔陈华　王双庆　杨启亮　李刻铭
郭春信　刘　广　徐其威　王春明　梁德新
唐友怀　陈　彬　高　成　戴佑斌　顾建新

主　　审： 吴步旭　太史功勋　常守民

审查人员：（按丛书顺序，排名不分先后）

朱忠吉　王年桥　刘新宇　常守民　余有山
陈松华　吴步旭　袁正如　尧　勇　杨盛旭
刘凤田　杨腊梅　程宝义　缪小平　郭春信
郭海林　王金全　周壁华　石立华　太史功勋
李建民　吴　涛　丁志斌　邢建春　李刻铭
杨延军　曹继勇　马吉民　王　平　方志刚

编写单位： 解放军理工大学工程兵工程学院
协编单位： 江苏高科应用科学研究所

序

改革开放以来，城市地下空间的开发与利用越来越受到人们的重视，人们对城市综合防灾抗灾、防空袭能力的要求也越来越高。随着我国国民经济的高速持续发展，城市建设规模和建设水平不断地提高，作为与经济建设协调发展、与城市建设相结合的人民防空工程建设，尤其是人民防空地下室工程的建设将得到空前的发展。

由于种种原因，有关人民防空工程设计和管理方面的专业图书资料很少。在中国计划出版社的大力支持下，全国唯一培训人防工程专业人才的解放军理工大学工程兵工程学院，依靠自身优势和专业特点，结合当前人防工程建设发展的实际需要，以及近年来我国人防科研成果及相关文献资料，根据学院及相关单位长期从事人防工程教学、设计及工程实践所积累的经验和成果，从人民防空工程的概论、建筑、结构、通风空调、给水排水、电气、智能系统以及电磁脉冲防护等八个方面，全面系统地论述了人防工程的基本概念、设计原理、设计方法和设计要求，这是我国第一套有关人民防空工程设计方面的专业丛书。

相信这套丛书的出版对我国人防工程的建设将起到积极地推动作用，对人防工程设计、审查和管理的相关工程技术人员，是一套不可或缺的实用工具书，也是一套高校人防工程专业不可多得的实用设计教程。

中国工程院院士

二〇〇六年六月二十六日

前　言

近年来，随着我国国民经济高速、持续地发展，城市建设的规模和水平不断地提高，城市地下空间的利用越来越受到人们的重视。与此同时，人们对城市防灾抗灾、防空袭的认识也不断地增强，我国人民防空事业也进入了自二十世纪六七十年代以来的第二个蓬勃发展的高潮，作为人民防空事业物质基础的人民防空工程（简称人防工程），特别是作为城市人防工程重要组成部分的人民防空地下室的建设总量和规模不断地增大，建设水平也不断地提高。

由于人防工程设计的特殊性和专业性，要设计出“防护可靠、经济合理、平战两用”的人防工程就要求设计人员掌握必要的人防工程设计专业知识。由于历史的原因和涉密方面的限制，目前供从事人防工程设计和管理人员使用的专业图书资料很少，这也给防空地下室设计和设计审查管理人员带来了很大的困难和诸多不便。

根据建设部“2005 年工程建设标准规范制订、修订计划（第一批）”和国家人民防空办公室“人民防空科学技术研究第十个五年计划”的要求，按照 2003 年新修订的“人民防空工程战术技术要求”，人防工程设计规范进行了全面修订，《人民防空工程设计规范》GB 50225—2005 和《人民防空地下室设计规范》GB 50038—2005 自 2006 年 3 月 1 日正式颁布实施，它们代表了我国在人防工程建设方面的最新研究成果。

本套丛书以上述两本设计规范为主要依据，结合当前人防工程建设发展的实际需要，汲取了国内外先进的科研成果和有关文献资料，将解放军理工大学工程兵工程学院长期从事人防工程教学、科研、设计及工程实践的经验与体会加以整理归纳，从概论、建筑、结构、通风空调、给水排水、电气、智能系统以及电磁脉冲防护等八个方面，即《人民防空工程概论》、《人民防空地下室建筑设计》、《人民防空地下室结构设计》、《人民防空工程通风空调设计》、《人民防空工程给水排水设计》、《人民防空工程电气设计》、《人民防空工程智能化系统设计》和《人民防空工程核电磁脉冲防护设计》（该册已由国防工业出版社出版)，全面、系统地论述了人防工程的基本概念、设计原理、设计方法和设计要求。这套丛书的编写几乎是与上述两本规范的修订同步进行的，许多作者同时也是这两本规范的主编人员。丛书结构清晰，深入浅出，结合人防工程实例，重点阐述了设计原理与方法，所举工程实例都是常见的实际人防工程项目，具有一定的普遍性和针对性，是一套实用性很强的设计指导教程，也是我国出版的第一套有关人民防空工程设计方面的专业丛书。

本套丛书主要面向全国人防工程设计、审查、管理及其他相关工程技术人员，可作为人防工程设计、施工、监理及管理的培训教材，亦可作为人防工程相关专业的本科教材使用，对从事人防工程教学和科研人员具有一定的参考价值。

这套丛书的出版得到了工程兵工程学院许多教员尤其是一批老教授的指导和帮助，学院原院长李金勇少将、人防工程系原系主任金丰年教授给予了许多关心和鼓励，特别是中国工程院钱七虎院士为丛书欣然作序，在此表示由衷的谢意！

本书是《人民防空工程设计丛书》的概论部分，主要依据新时期军事战略方针和《中华人民共和国人民防空法》，以及新修订的《人民防空工程战术技术要求》、《人民防空工程设计规范》GB 50225—2005 和《人民防空地下室设计规范》GB 50038—2005，结合作者多年的教学研究、工程实践以及科研成果而编写。系统介绍了人民防空的相关知识，分析了信息化战争与人防工程建设的对策，阐述了人防工程的组成、分类和分级以及人防工程建设、人防工程孔口及其防护、人防工程的内部环境、人防工程的智能化系统、人防工程口部设施的维护保养和人防工程防水堵漏技术，给出了各类人防工程的实际示例等 10 章内容。

本书由杨延军、李建民、吴涛编著，朱忠吉审阅。另外，本书在编写过程中得到了邱国庆、何雷的大力帮助，杨兰检、刘猛、陆强、彭丽华等同志为本书的校对、插图编排等做了大量的工作，在此一并表示感谢。

由于编者时间和水平有限，错误和疏漏之处在所难免，恳请广大读者批评指正。

编　者

2006 年 4 月于南京

目　录

1 人民防空简介

1.1 民防与人防的概念

1.1.1 民防的概念

民防通常用来描述国家在遭受空袭时保护城市人民生命、财产，保护工业经济资源的一种功能，有时也用来表示执行这种功能的系统。在大多数国家，民防功能的范围除了应付战争灾害外，还应付和平时期的自然灾害和突发事故。

（1）民防系统是国家防务系统的一部分

自从第一次世界大战后期出现空袭以后，包括民防在内的防空系统的建立、发展和完善一直被各国所重视。第二次世界大战结束前，美国对日本的广岛和长崎进行了核空袭，它宣告了核武器时代的到来，向各国的防空提出了更加严峻的课题。战后几十年来，在美国和前苏联之间的军备竞赛中，空袭兵器的发展占有突出的地位，防空系统在整个国家防务系统中的地位也愈益重要。民防一直是世界各国防务系统中的一项重要的、不可缺少的组成部分。它以其特有的防护机制发挥着其他防空系统所不能代替的作用。历史和现实都表明，战争威胁、国家防务需求是民防系统存在的首要前提，民防系统是国家防务系统的重要组成部分。

（2）民防行为是非战斗性的行为

民防不遂行直接的战斗任务，也不承担在战争中防护军事力量的任务。它是在战争中或战争威胁下由政府组织的、有广大民众参加的保护民众和国家财产的行动。由于民防系统主要是在战争环境或其他危急环境下运行的，民防行动和军事行动又有着密切的联系。为了保障系统运行的效率和可靠性，各国的民防系统都置于国家防务部门或军队的领导和指挥之下，民防官员中也有大量军事人员。有的国家还建立了民防部队。

（3）民防的基本任务

各国文献都重视阐明民防系统的基本功能，也就是它的基本任务。如日本民防学家郷田豊归纳的民防四大任务是：①维持国家和政府的职能；②保护居民；③确保居民生活安定；④支援协助军队。前苏联民防教材中指出民防的基本任务是：①保护居民免受大规模杀伤武器的伤害；②在敌人袭击的条件下保证国民经济目标能稳定地实现；③在被破坏区进行救护和抢险恢复工作。

从上面可以看出，民防的基本任务可以归纳为以下几点：

1）保护公民的生命安全。世界上任何一个明智的政府都认识到保护本国公民具有绝对重要的意义。西方民防专家也承认，“说到底，民防政策反映了政府和人民之间的关系”，“在本质上，一个民防政策反映了政府与人民共度核危机的能力”。因此，保护民众生命安全的活动，构成了迄今为止的各国民防活动的主要内容，它包括战前（攻击发生前）的各种防护准备和措施，以及攻击发生后的救护、救援、抢险等行动，统称为人口防护。

2）保护国家的经济财富。国家的经济财富包括国家的工业经济设施、各种资源、历史文化财富等，它们既是战争潜力的重要组成部分，又是国家赖以生存、维持、恢复和发展的物质基础。因此保护国家的经济财富也是国家命运攸关的一项重要任务。保护国家的经济财富包括战前或攻击前对各工业经济系统、设施设备、物资的防护，统称为工业经济防护，它与人口防护共同构成了民防活动的基本内容。此外，还有攻击后的抢救、抢修和重建活动，统称为战后恢复，也已日益引起各国的重视。

3）在战争时期保持社会稳定，支持战争行动。在战时，政府必须保持对国家的有效控制和对战争行动的支持，这包括政府各部门能有效地发挥其战时职能，军队能够获得各种补给和人力、情报的支援，攻击后幸存的居民能够有必要的维持生存条件，并在一定的秩序和管理下生活等。民防系统通过良好的防护准备措施、对居民的教育、训练和组织，以及攻击发生以后的救援、抢修、重建活动，能够对社会的稳定作出贡献，并对战争给以有力的支持。

民防的任务范围以及履行其任务的时间界限，应该由国家的权威性文件明确规定。现在大多数发达国家已经完成了并正不断完善着民防立法工作，由法律和法案等来确定民防的任务界限。如美国 1950 年的联邦民防法案中，就通过了处理“直接紧急状态”，对被毁伤的重要公用设备和设施进行“紧急修复”等，表明了社会和经济的恢复任务并不是“纯民防”的，民防只是在攻击后的短暂阶段中负责紧急处置、紧急抢救、抢修的任务。

战后各国民防在保持应付战争灾害的职能的同时，逐步出现了将职能扩展到应付和平时期灾害的趋势。这个趋势在广度上和深度上都在继续发展之中。有的国家已发展到将对付战争灾害和对付和平时期灾害并重的程度。许多国家的经验证实了民防职能扩展的必要性和合理性。

1.1.2 人民防空的概念

人民防空，是指动员和组织人民群众防备敌人空中袭击、消除空袭后果所采取的措施和行动，简称人防。

我国人民防空的概念包括两个基本内涵。一是和平时期围绕战时防护需要而动员和组织人民群众所采取的相关准备措施和行动，即人民防空建设。二是战时围绕防护需要而动员和组织人民群众所采取的战术、技术措施和行动，即人民防空斗争。

人民防空组织是由政府和军事部门共同领导的、动员全民参加的全国性组织。人民防空体系是一个由组织指挥、通信预警、防护系统、专业队伍等构成的、结构完整的大系统。

人民防空的基本目的是，运用伪装、掩蔽、疏散等防护手段和采取抢救、抢修等措施，保护人民生命财产安全，减少国民经济损失，保存战争潜力。

人民防空的任务，依据战时防空袭斗争的客观情况和基本目的来确定，是组织实施人民防空建设和斗争的重要依据。《中华人民共和国人民防空法》（以下简称《人民防空法》）规定，人民防空的任务是“国家根据国防需要，动员和组织群众采取防护措施，防范和减轻空袭危害”。

随着社会的进步，国民经济和科学技术的发展，人民防空的功能范围不断扩展。除了战时防备敌人空中袭击、减轻战争危害外，在应付和平时期自然灾害、突发事故以及保障和促进经济发展等方面，人民防空也发挥着重要作用。

1.2 世界民防发展简史

1.2.1 世界民防产生的原因

世界民防的产生是由战争引起的，其发展也受到战争样式与规律的影响。据不完全统计，人类历史上发生大小战争1.5万次，死亡36亿人。其中有一个趋势：近代以来，战争中人员的伤亡，居民的比例逐渐大于军人的比例（见表1-1）。这一事实就决定了必然要产生战争中对居民的防护——民防。

表1-1 历次战争军队和平民人员伤亡情况对比（万人）

战例 分类	第一次世界大战	第二次世界大战	朝鲜战争	越南战争
军队	1000	2600	10	10
平民	50	2400	50	200
比例	20:1	1:1	1:5	1:20

战争中军民伤亡比例的变化，是由两方面原因造成的。一方面，根据美国著名军事历史学家T·N·杜普伊对16世纪以来作战伤亡变化趋势的统计分析，原因是军人采取了适应武器特点的战术，能抵御武器效应的杀伤。另一方面是在战争中投入了远程武器，特别是飞机，而且把打击城市和破坏战争资源放在越来越重要的战略位置上。战争中使用飞机，始自第一次世界大战。1918年德军利用战斗轰炸机，大规模进攻英军获得初胜。接着英、美用更多的飞机同德军展开空战。战争样式的演变，不可避免地给无辜的居民带来了空前的灾难。到了第二次世界大战，作战双方都毫无顾忌地把城市居民和财富当作靶子，大肆杀伤。

德国空袭英国：1940年至1945年，德国共用飞机5000余架次袭击英国。英国城市受弹7万余t。首都伦敦到1945年3月止，市区破坏50%以上。1940年8月至10月三个月中，全国大、中城市有1/5的房屋毁于炸弹，英国伤亡人数14.7万人。

英、美空袭德国：1941年至1945年，英美动用飞机2万架次空袭德国。德国受弹约243万t，61个10万人口以上的城市，受弹6.3万余t，居民住宅被炸毁20%。仅战争最后一年中，61个城市被炸死居民30.5万余人，炸伤78万余人，伤亡人数在这些城市居民中占有很大比例。

苏、美空袭柏林：1943年至1945年苏美对柏林共进行42次大规模空袭（动用飞机达1.86万架次）和147次小机群轰炸（动用飞机7860架次）。柏林市区55%～60%毁于战火，炸死1.94万人，炸伤3.5万人。

美空袭日本：1944年至1945年，美动用B-29型轰炸机3.3万架次空袭日本，投弹16.1万余t，其中64%用于轰炸城市。日本全国200个城市中，有98个被空袭严重破坏，住房炸毁244万所，被炸伤亡55万余人。尤其严重的是美悍然动用原子武器袭击并非军事基地的广岛、长崎，炸死居民11万余人，炸伤12万余人。

由上述可见，正是近代战争中城市居民遭到大量伤亡的现实，导致了在战争灾害中防护公众的系统——民防的产生与发展。

1.2.2 现代民防的发展史

第一次和第二次世界大战中，居民为了自救而形成的民防可称为“早期民防”。其特征是人数少，组织零散，任务简单，措施多为空袭后的救护、抢修，后来发展为有警报、警戒、灯火管制、挖掘工事等，其防护性能只对付飞机轰炸的间接毁伤。

二次大战以后，出现了以导弹核武器为标志的现代武器。为适应现代战争的特点，世界许多国家建立和发展了“现代民防”。现代民防的特征是对战略核武器的防护。它的发展过程，是同核大国的武器水平、军事战略和对抗形势紧密联系的，大致可划分几个历史阶段。

（1）20 世纪 50 年代

这一阶段从第二次世界大战结束几年后算起。在这一阶段开始，美国实施核垄断、核讹诈，同时美国与当时的苏联处于冷战状态。各国面对美苏对峙，并未因和平的到来而放弃民防。但这一时期的民防基本上是沿袭第一次世界大战中的概念，制订民防计划，招募志愿队员，建造防空洞，开展民防训练教育等。

1949 年 9 月，当时的苏联爆炸了原子弹，1953 年又爆炸了第一颗氢弹，形势发生了变化。但是美国仍然处于“原子优势”。由于美国奉行“大规模报复战略”，世界人民感受到核武器的严重威胁，民防活动增加了“核”色彩。这时的民防工程，开始从防常规武器转变到防核武器和防核、生物、化学武器的三防掩蔽部。许多国家加强了民防部门，并以法律形式规定国家机关、社会团体和城市居民对实施民防措施承担的责任。

50 年代中期，核武器精度不高，为了弥补这一缺陷，美苏不断增大武器当量，并从空中爆炸方式发展到地面爆炸。武器效应的增强，引起各国的不安，首先是美、苏两国不断改善工程的防护性能，除提高抗力外，还提出了抗震及防辐射的要求。直接受到核威胁的国家，耗费大量资财修建巨型防空工程，建立警报系统、救护系统，并频繁进行防空演习。

1957 年，前苏联先于美国研制成了洲际弹道导弹，并发射了第一颗人造地球卫星，1960 年又建立了第一个“战略火箭军”，美苏两国的对峙又出现了新局面。首先是美国举国上下感到现实的核威胁，甚至有了“防不胜防”之感。民防的地位更受重视，民防投资不断增加，民防的战略、战术也发生了根本性转变。在这种情况下，国土较大的国家，先后提出“不能单靠城市中修建掩蔽部”，而要采取“战前疏散”措施。紧张的国际局势刺激了各国民防的发展。

（2）20 世纪 60 年代

由于美苏双方核武器都能打到对方本土，居民惶惶不可终日，“大规模报复战略”宣告失败。1959 年美军陆军参谋长泰勒提出了“灵活反应战略”，为当时的总统肯尼迪所采纳，成为两届政府的军事战略。美国奉行这一战略，是从称霸全球出发，把战争形式分为核大战、有限战争和特种战争三种，从而增大了战争爆发的现实性。美苏两国的导弹核武器旗鼓相当，作战思想又都主张“先发制人”，强调在未来的突然发生的核战争中，必须依靠“第一次打击”方能取胜。这样，新的核战略对美苏的军备竞赛起到了推波助澜的作用。在“古巴危机”和“柏林危机”时，战争已呈一触即发之势，这时期的民防活动，也达到了顶峰。随后，于 1964 年美国意识到自己的核武器在数量和命中精度上，都无法全部摧毁苏联的军事目标，不得不修改核战略方针。当时的国防部长麦克纳马拉提出了“相互确保摧毁”

方针，主张“侧重打击对方城市”，建立一支打击城市目标的“第二次打击力量”，即遭到苏联的核袭击后，利用保存下来的核力量一举摧毁苏联20%～25%的人口和50%的工业。与此相对应，苏联国防部长也宣布，.它的导弹核武器“足以将美国的全部目标摧毁三、四次”。

这样，广大城市居民就成了双方“核威慑”的“抵押品”。面临这样严重的核威慑，各国的民防都在深度和广度上得到了发展。首先，加强了民防措施的“有效性”，防护工程提高了抗冲击波能力，增加了对多种核效应的防护性能。在整体措施上形成了“疏散、掩蔽”相结合的对策。据此，技术先进的国家加强了预警系统，以保证“疏散”实施的可能性。此外，美苏等国都发展了“防核沉降掩蔽部”。美国不仅要求在城市中建立“家庭掩蔽部”，而且在城市近郊也推行掩蔽部计划。“疏散”计划则涉及城市郊区上百公里半径范围。城市中的防护措施，不仅限于居民，要求各大型工业企业，特别是对战争有直接作用的工业部门，都要采取防护措施。对城市的市政设施，也要求有防护对策。

此时期民防地位进一步提高的标志之一，是当时的苏联于1961年7月宣布成立“民防司令部”，民防司令部由国防部一名副部长担任。美国于1961年将民防直接纳入军队，在陆军部成立“民防局”，以直接配合战争行动。一直对战争怀有恐怖心理，基本不开展民防工作的原联邦德国，也于此时通过了“紧急状态法”，健全各级民防组织，扩建警报系统，修建了大批掩蔽部。自1815年成为“永久中立国”的瑞士，也于1962年批准一项民防法案，宣称“民防是不带枪的国防”。瑞典开展了大规模修建掩蔽部的活动，有“瑞典全国可转入地下”的说法。日本在总结二次大战的教训后，也强调“今后的国土防空不能只依靠军队的直接防空措施”，政府提出，要把“民防置于核心地位”。尽管日本不能公开建立民防组织，但它实际上已通过大量修建地下街、地下车库、地下铁路系统，实现了可靠的民防建设。

综上所述，从世界范围看，20世纪60年代是世界民防建设的鼎盛时期。

（3）20世纪70年代

经过60年代的军备竞赛，双方消耗了实力，但都未占到上风，于是不得不采取“收缩”方针。尼克松政府重新调整军事战略，提出“现实威慑战略”，调整全球军事部署，充实军事实力，重点放在欧洲，力图扭转被动局面。前苏联也采取措施缓和军备竞赛给国民经济造成的困难。70年代出现了相对稳定的缓和局势。

表面上看，美苏的民防工程建设已从50、60年代“紧急备战”状态冷却下来，但对世界民防建设作实质性剖析即可发现，民防建设进入了稳步、深入的发展时期。以北欧诸国为代表的国家，在此时期从未间断民防工程建设。此外，西欧各国的民防也纷纷“从无到有，从小到大”，这些国家不仅新建大量掩蔽部，而且重视民防专用设备、器材的生产供应，积极参加国际民防组织的活动。

美苏两国在此时期，认真研究有效的民防措施。美国国会针对“国家生存战略”开展的争论持续10年之久。争论的一方认为应发展进攻型武器，一举摧毁敌方，使敌无还手之力，民防是劳民伤财之举。另一方则主张“在双方进攻力量势均力敌，皆可将对方消灭若干次的条件下，保证自己生存的民防，才是真正的威慑因素”。这一争论，决定着美国国防建设的方向，也决定着民防的命运。通过争论，肯定了民防的地位和作用。这个结论成了80年代里根政策的支撑点。与此同时，民防领导部门倾注全力，发动学术、科技界，探索提高民防效率的途径。因此，20 世纪 70 年代成为美国等西方国家民防科研和学术发展的繁荣时期。

前苏联在 70 年代着重探讨了“就地掩蔽”和“战前疏散”两种措施究竟何者为佳的问题。两种措施中各自存在的难题困扰着苏联民防决策者，因而苏联的民防政策从 60 年代后期到 70 年代中期一直变化不定，摇摆在修建工程和组织疏散之间。通过研究，最后终于得出了答案，即在可能的条件下优先考虑人口疏散的同时，不放弃在城市修建人员掩蔽工程的工作。

美苏两国民防建设在 70 年代的突出成就是初步解决了工业防护问题。随着进攻战略将工业尤其是对战争直接起支援作用的部门划为打击目标，保护工业的任务就历史地落在民防的肩上。如果说民防的任务是从保护居民开始，首先保护居民生命继而保护财产，那么，在未来战争中，又必须保护工业，而且正如美苏官方一再强调的那样，要保证关键性工业在核打击下坚持生产。苏美两国 70 年代在工业防护课题上取得了初步成果，不仅运用了“硬”技术，而且在软科学方面也取得了成效。

在这一时期，针对公众的反战情绪和城市面临用地紧张的局面，许多国家的民防部门还因势利导，将民防工程建设同城市建设融为一体。除了美苏之外，日本、原联邦德国、法国、加拿大、瑞士、瑞典、挪威、芬兰等国，在民防建设与城市建设相结合方面，也都卓有成效。

70 年代以前的民防工程主要考虑核武器的冲击波效应并且普遍认为抗冲击波的防护层足可解决对光辐射和核辐射的防护问题。这一观点持续 20 多年，正是在 70 年代，又将防止“城市核大火”的问题提到议事日程上来。研究结果表明，城市核大火是高抗力掩蔽部的致命危害。于是，防冲击波，防核沉降和防核大火，就构成了城市民防工程防护性能和发展方向的重要因素。对于重要指挥工程来说，防核爆地震和防电磁脉冲，也是 70 年代解决的技术难题。可以说，国外民防工程技术在这一时期达到一个新水平。

（4）20 世纪 80 年代

1）确立了民防的战略地位。过去被认为只不过是战时应急救护活动的民防，经历了 50、60、70 年代的核较量，它的重要地位终被承认。美国里根总统深刻地检讨战后 40 年的错误，只发展进攻性武器，忽略本国的生存能力，将会受到挫折，陷于被动。他决定抛弃过去的进攻战略，改为防御战略。强调美国的防御体系是由空间系统、反导系统和民防系统组成。他指责过去历届总统忽视民防的做法，致使今天美国公众“处于无防护”的状态。他把加强民防建设作为现行政策的一大支柱，批准新制定的“七年民防建设计划”，并确定增加拨款。学术界也承认，民防已成为威慑力量的组成部分，“有攻无防”的战略是脆弱的。基于这样的认识，美国将民防准备局从国防部分出，改为联邦应急总署，该署领导人进入了国家安全委员会，参与国家级决策。

2）形成了民防战略与战术。经过几十年的摸索，各国结合自己的国情，逐步形成了各具特色的完整的民防战略和战术。例如，美国在 60 年代曾提出过以威慑作为民防战略，而民防的战术则划分三种行动计划：危机行动计划、加速行动计划和正常行动计划。其中危机行动计划又分为应急计划和动员计划。实现这些行动计划的时间分别为 0 ~ 6 个月，3 个月 ~ 2 年，1 年 ~ 4 年，3 年 ~ 7 年。三种计划包括 25 种行动（即政治上、外交上、经济上、军事上采取的策略行动）。到了 80 年代，美国民防部门就已制订了一个完整的、可供 7 年实行的、具有长远效用的民防计划（即有名的“D”计划）。

3）明确了民防任务。当时，苏联、美国、瑞士、瑞典等民防建设的先进国家，先后明确了民防部门在新形势下，必须兼顾居民和工业防护。为了实现工业防护，制订了若干新法规，在城市建设、工业建设中贯彻民防要求。这是一项比保护居民复杂得多的任务，而且需要民防部门有更高的权威性。继而又有更多国家将和平时期灾害的防止和救护任务也交给了民防部门。这样就使民防活动渗入城市生活的各个环节，充分发挥其保护国家生存的战略作用。

4）增加了民防投资。各国利用国际形势暂时和缓的环境抓紧民防建设。美国70年代民防投资基本维持1亿美元上下，1984年翻了一番。里根批准的“振兴民防计划”需投资40亿美元，7年完成。苏联在当时的民防投资，按人均值计算，为美国的13倍。瑞士的民防投资人均值又比苏联多20%。

5）平战结合得到充分发展。民防工程的平战两用，是在60年代末提出来的。当时因为国际形势趋向缓和，修建的民防工程耗资巨大，而且防护性能也不能满足要求，加上民众的厌战心理，许多国家开始对民防工程进行清理。如美国进行过两次大清理，对普通建筑物的防护性能进行了两次全国性普查。除不够标准的工程废除外，将平时可面向社会提供服务的工程尽量招标利用。70年代的平战结合，多为新建工程兼备平时和战时两种使用功能，并创造了兼容设计方法。西欧、北欧诸国也大力提倡平战两用掩蔽部，到了80年代，平战结合又向纵深发展，基本上表现在两个方面：

①民防工程充分满足平时要求。民防部门委托科研设计单位研究出“临战加固”技术，可将平时使用极其方便的平战两用工程甚至普通建筑物在临战前2~3天内加固成符合要求的掩蔽部。加固技术的成功，为民防工程建设开辟了广阔前景。许多国家的民防工程，完全看不到“战备”的痕迹。一般民众甚至矢口否认它是民防工程。至于道路、大型洞室、坚固构筑物等的平战结合，更使人看不出蛛丝马迹。民防工程与城市建设项目已从“结合”发展成“融合”。

②普通建筑物变成民防资源。国外防护技术研究结果，以及民意调查结果都表明：最好的防护物应是在身边。同战前疏散和修建标准型掩蔽部相比，挖掘现有建筑物的防护潜能，是最佳选择。疏散，可能时间来不及；掩蔽，也许不能及时进入掩蔽部。尤其是多次民防演习表明，长时间掩蔽中最大的困难是生活必需品的供应。这些困难，如利用经加固后的个人住宅、办公室、集会场所等都容易得到解决。美国根据全国普查结果以及参照加固技术，对普通建筑物、构筑物的防冲击波等级和防核沉降辐射等级，制订了全国统一执行的标准。根据分析，美国需在全国范围内建成容纳1.6亿人的防冲击波掩蔽部和8000万人的防沉降掩蔽部，为此要挖掘普通建筑物的防护资源。按民防部门的规划，1974~1984年10年间可在全国城区新建的99880个工程项目（包括办公楼、商业楼、工业建筑、文教设施、居民住宅等）中“挖”出潜在的掩蔽位置1094万个，在郊区新建的78475个工程项目中“挖”出掩蔽位置405万个，这是美国民防掩蔽系统建设的一大成就。

1.3 我国人防发展简史

人防在中国的产生与中国近代战争中遭受的空袭有关。飞机对城市的“空袭”这一战争样式在中国可以追溯到北伐战争。1927 年 3 月，南京首遭空袭，之后，空袭逐渐增多，国民政府开始关注城市防空袭问题。1931 年，国民政府颁布了省、市、县防护团组织规程，同年召开的国民政府庐山会议制定了《防空方案》，进一步修正了各省、市、县防护团的组织章程，因此，中国最初的防空工作是从 1931 年正式形成的。

1932 年“一·二八”事变，淞沪一带“因为没有防空的准备，日机来袭，事前既无音信传达，到达之后又无躲避的常识，一般民众张皇失措，奔走呼号，予敌机以最好的轰炸机会，所以人畜屋舍所受牺牲者无数。这是没有防空组织与训练的一个痛苦的教训”。针对这种情况，国民政府在有关城市组织了人民自卫指导委员会，负责民间防空业务。当时的民间防空业务大致包括：防空教育、训练与演习，灯火、交通与避难管制，防空警报与通信勤务，防毒及卫生救护等。个别城市如首都南京，还制定了《南京市地下建筑施行简则》。因此，在中国最初的防空工作中，有组织的居民消极防空即人防工作的具体开展可以认为是在 1932 年以后。

我军自建军初期就十分重视群众性防空。1933 年，工农红军总参谋部成立防空科，在组织部队防空袭的同时，指导根据地群众开展防空活动。同年，毛泽东在《长冈乡调查》中提出群众防空问题，要求苏区各乡建立防空防毒委员会，指导群众的防空活动，并就如何开展群众性防空提出了具体措施和要求。

全国性组织机构的建立是在 1934 年到 1935 年期间，此间成立了国民政府军事委员会防空委员会，并在全国各省和大城市先后成立了防空司令部。伴随着防空组织机构的建立，1937 年国民政府颁布了《防空法》，对全国防空事宜作出规定。

1934 年 11 月 21 日，在南京举行了防空大演习。演习中出动军队、宪兵、居民和警察数万人，在京杭、京沪、津浦公路铁路沿线及长江南北两岸各重要地点，分设防空监视哨，并在香林寺成立防空通信所，后来改为中央防空研究所。此次演习，是中国防空史上的第一次大演习，被认为是“开全国防空建设之端绪”。1940 年国民政府确定每年的 11 月 21 日为“中国防空节”。

新中国成立前夕，中共中央根据一些城市相继解放、国民党空军的威胁日益增多的情况，提出了城市要实行“积极防空”的方针，规定解放区各大城市及各军区机关驻地，均应设立防空指挥机构，负责统一组织和督促有关防空工作。同时对主要大城市和主要工业区开始增加防空力量，采取更加具体的防护措施。

新中国成立以后，人民防空受到了党和国家的高度重视。1950 年，面对美军、国民党军队对我实施的空中袭扰，中华人民共和国政务院颁布了《关于建立人民防空工作的决定》，要求“立即紧急动员起来，在一切可能遭受空袭的地区和城市建立人民防空组织，加紧人民防空工作的设施建设”。1951 年，中央人民政府成立人民防空委员会。1953 年，召开了第一次全国人民防空工作会议，制定了“长期准备、重点建设”的方针，确定在沈阳、大连等 36 个内地和沿海大、中城市开展人民防空工作，建立人民防空领导机构，构筑人防工程设施，建设人民防空警报系统。1969 年，根据当时面临的潜在威胁，加之当时超级大国之间核军备竞赛的特定国际环境，毛泽东主席先后作出了“备战、备荒、为人民”，“要准备打仗”的指示。自此，人防进入了以核威胁为背景的全社会广泛参加的战备阶段。1971 年，召开了第二次全国人民防空工作会议，总结了人民防空工作的经验教训。1972 年，毛泽东主席号召全国人民“深挖洞、广积粮、不称霸”，以应付帝国主义和霸权主义国家发动的侵略战争，人民防空建设掀起了一个高潮。成立了全国人民防空领导小组，国务院总理周恩来任组长；党中央、国务院、中央军委规定了统一的人民防空任务、方针和政策；各省（直辖市、自治区）和主要城市，都进一步健全了人民防空领导机构，加大了建设力度，极大地促进了人民防空事业的发展，并取得了巨大的成就，为以后的发展奠定了基础。1978年，召开了第三次全国人民防空工作会议，确立了“全面规划、突出重点、平战结合、质量第一”的建设方针，使人民防空工作开始走向全面展开、协调发展的新阶段。

党的十一届三中全会后，人民防空工作不断解放思想，深化改革，积极探索和平时期我国人民防空建设的新路子，取得了新的成就。1986 年，国务院、中央军委向全国、全军批转《关于人民防空工作改革的几个问题的意见》，对人民防空建设管理体制和运行机制进行了调整改革，为以后的发展奠定了坚实的基础。1987 年，在厦门召开了“全国人防建设与城市建设相结合工作座谈会”，进一步明确了人民防空建设的发展方向，促进了平战结合，保证了人民防空建设健康、稳步地向前推进。

新时期军事战略方针确定以后，人民防空工作围绕打赢高技术局部战争，勇于创新、积极实践，推动了具有中国特色人民防空事业的全面发展，实现了人民防空建设指导思想的战略性转变。即：从准备“早打、大打、打核战争”转变到以经济建设为中心的和平时期现代化建设轨道上来；由应付核战争转变到准备打赢现代技术特别是高技术条件下局部战争上来；由单纯的人防工程建设转变到人防工程、组织指挥、通信警报、专业队伍和科技教育全面规划，突出重点，整体推进，协调发展上来；由计划体制下单一的行政管理转变到适应市场经济体制要求，综合运用行政、经济、法律等多种手段上来；由只注重战备功能转变到综合发挥战备、社会、经济三个效益上来。人民防空建设坚持与经济建设、城市建设相结合，服从和服务于国家经济建设的大局，为经济繁荣和城市发展服务，取得了长足的进步。1996年，江泽民主席签署命令，颁布了《人民防空法》，标志着我国的人民防空工作在法制化、正规化、制度化建设方面上了一个新的台阶，全国的人民防空建设迎来又一个新的大发展高潮。2000 年 11 月 6 日召开了第四次全国人民防空会议，全面总结了人民防空建设与发展 50 年、特别是改革开放 22 年以来的巨大成就和成功经验，明确了我国人民防空当前和今后一个时期发展面临的形势，确定了我国人民防空 2015 年前建设的战略目标，提出了跨世纪发展的指导思想，对于把建设有中国特色的人民防空事业全面推向 21 世纪必将产生重大而深远的影响。中共中央、国务院、中央军委于 2001 年 5 月 26 日印发了第四次全国人防会议审议的《关于加强人民防空工作的决定》，确定了人民防空建设的指导思想、原则和目标、要求。对于贯彻“长期准备、重点建设、平战结合”的方针，适应打赢信息化局部战争和发展社会主义市场经济的需要，做好新时期军事斗争准备，努力提高人民防空的整体抗毁能力、快速反应能力、应急救援能力和自我发展能力，不断深化人民防空工作改革，依法建设和管理人民防空工作，积极创造人民防空工作的良好环境和条件，切实加强对人民防空工作的领导，走有中国特色的人防建设发展之路，全面推进人防工作健康有序发展，具有重大的现实意义和深远的历史意义。2003 年 11 月 12 日颁发了新的《人防工程战术技术要求》。2005 年 10 月 27 日、28 日在北京召开了第五次全国人民防空会议，会议全面总结了“十五”期间人民防空工作，部署了新时期人防建设任务，布置了反“台独”军事斗争人防应急准备工作，对当前和今后一个时期的人防建设提出了很高要求。胡锦涛总书记在接见与会代表时指出，维护国家的安全和统一，保卫人民的和平劳动，都需要建设巩固的国防。国防动员和人民防空是我国国防的重要组成部分。这些年来，国防动员战线和人防战线的同志们认真贯彻党中央、国务院、中央军委的决策和部署，艰苦奋斗，开拓进取，使我国的国防动员能力和综合防护能力得到进一步提高，为增强我国的国防实力做出了积极贡献。胡锦涛同志强调，当前，我国已进入了全面建设小康社会的关键时期，国防建设也面临着繁重而又艰巨的任务。他希望国防动员战线和人防战线的同志们，坚持以邓小平理论和“三个代表”重要思想为指导，全面贯彻党的十六届五中全会精神，坚持以科学发展观统领经济社会发展全局，正确认识和处理国防建设与经济建设的关系，按照平战结合、军民结合、寓军于民的方针，完善国防动员体制，加强国防动员和后备力量建设。要把人防建设纳入国防动员建设的总体部署，把人防建设与城市建设结合起来进行，增强城市防空作战能力。会议还讨论修改了《国务院、中央军委关于积极推进人民防空改革和发展的意见（征求意见稿）》、《全国人民防空2020年前发展纲要和第十一个五年建设规划（草案）》两个文件。

1.4 人民防空的指导思想

1.4.1 指导思想的基本内容

人民防空建设的指导思想是：以毛泽东思想、邓小平理论和“三个代表”重要思想为指导，以《中华人民共和国人民防空法》为依据，紧紧围绕新时期军事斗争准备，贯彻“长期准备、重点建设、平战结合”的方针，努力适应打赢高技术局部战争和发展社会主义市场经济的需要，深化改革，不断提高战备效益、社会效益和经济效益。

1.4.2 贯彻指导思想应重点把握的问题

（1）践行“三个代表”的重要思想

人民防空事业是关系到广大人民群众生命和财产安全的千秋大业。加强人民防空建设，发展人民防空事业，是中国共产党代表“中国最广大人民的根本利益”的具体体现，也是我党实践全心全意为人民服务宗旨的具体体现。

（2）适应“三个转变”的根本需要

“实现三个转变”，就是大力推进人防建设由机械化条件下的防空袭准备向信息化条件下的防空袭准备转变，由单一的人防体制逐步向防空防灾结合的民防体制转变，由传统的以行政命令为主的管理模式向现代的依法管理模式转变。

（3）提高“三个效益”的基本要求

人民防空实行平战结合的方针，充分利用人民防空设备设施，采取多种形式，开办各类经营项目，发展人民防空经济，不仅能够创造自我发展的物质基础，而且能为社会创造财富，促进经济的发展，方便群众生活，尤其是在安排就业、刺激消费、增加税收等方面，作出了很大贡献。

（4）提高“三大能力”

提高“三大能力”，就是努力提高人民防空的快速反应能力、整体抗毁能力和应急救援能力，以应付现代战争及重大灾害事故，有效地保护国家和人民生命财产安全。

（5）落实“五项主要任务”

落实“五项主要任务”，就是加紧做好反“台独”军事斗争人防应急准备、加强人防工程建设和疏散地域建设、加快人防指挥手段信息化建设、扎实做好重要经济目标防护工作、积极推进防空防灾一体化建设。

（6）完善“六个体系”

建立统一高效的组织指挥体系、布局合理的防护工程体系、灵敏可靠的通信警报体系、精干过硬的专业队伍体系、保障得力的人口疏散体系、现代化的科研和人才培育体系。

1.5 人民防空建设的任务、方针与原则

人民防空建设的任务、方针与原则，是统揽人民防空建设事业，具有组织与实施人民防空建设的基本依据和行动指南。新中国成立50多年来，党中央、国务院、中央军委始终把正确确定人民防空的任务、方针与原则，作为对全国人民防空建设事业实施宏观指导的首要问题。适时根据国家安全环境、战争形态的发展变化和国民经济发展的客观实际，从国家战略和军事战略的高度，科学、正确地确立了我国人民防空建设的任务、方针与原则，从而有效地保障了人民防空建设事业的顺利进行。特别是改革开放以来，中央和地方各级人民政府着眼高技术条件下局部战争和社会主义市场经济的特点与规律，把人民防空建设纳入经济建设和社会发展及城市建设的总体规划，从过去依靠应急战备搞人民防空建设，转变到有计划、有重点地与经济建设和城市建设协调发展的轨道，使人民防空建设事业取得了新的成就。我国人民防空建设的实践表明，正确确定和全面贯彻落实人民防空建设的任务、方针与原则，对于改革与发展我国人民防空建设事业，具有极其重要的现实指导意义。

1.5.1 人民防空建设的任务

人民防空的任务，依据战时防空袭斗争的客观情况和基本目的来确定，是组织实施人民防空建设和斗争的重要依据。《人民防空法》规定，人民防空的基本任务是“国家根据国防需要，动员和组织群众采取防护措施，防范和减轻空袭危害”。主要体现为平时的各项人民防空建设和战时的人民防空斗争。

（1）人民防空建设的主要任务

人民防空建设的内容，是指和平时期国家动员和组织人民群众有计划、有步骤进行的各项人民防空建设。依据《人民防空法》的规定，人民防空建设的任务主要包括以下内容。

1）人民防空指挥体系建设。人民防空指挥体系建设，是指为了保障人民防空指挥需要而进行的有机联系的各项准备，是和平时期进行人民防空建设必须首先解决的关键性问题。其内容主要包括领导指挥体制建设、指挥手段建设和指挥人才培养。

①领导指挥体制建设。通过人民防空领导指挥体制的调整与改革，进一步强化省、自治区、直辖市人民防空主管部门的职能，理顺人民防空的领导指挥关系，提高指挥效能。

②人民防空指挥手段建设。也就是通信、警报、指挥自动化系统建设。主要是依靠军队、地面通信网络，建立人民防空通信、警报网和指挥自动化系统，构成各级人民防空通信网、警报网和指挥自动化网，确保快速传递情报和及时发放防空警报，以及指挥的畅通。

③人民防空指挥人才培养。主要是通过院校培训、专题集训、岗位锻炼、参加演习等多种方式，全面提高人民防空指挥员及其指挥机关的组织指挥能力。

2）人民防空防护体系建设。人民防空防护体系建设，是人民防空建设的重点。其内容

主要包括：工程建设、疏散地域建设和重要经济目标防护建设。

①工程建设。主要是修建各种类型的防护工程，特别是人民防空指挥工程、人员掩蔽工程、医疗救护工程、物资储备工程等，使人员和物资得到可靠的防护。

②疏散地域建设。主要是选择便于掩蔽伪装、便于防护、便于生存、便于机动、便于指挥，具有一定容量的疏散地域，制定人员、物资的疏散计划，进行疏散地域的基础设施、公共事业、物资储备供应建设和其他配套建设等，以利于战时组织人民群众疏散和转移。

③重要经济目标防护建设。主要是界定和区分目标类别和防护等级，搞好重要经济目标的配置和布局，突出重要防护措施的建设，建立健全专职指挥机构和专业抢险、抢修队伍。

3）人民防空专业队伍建设。人民防空专业队伍，是指根据战时消除空袭后果的需要而建立的群众防空组织。人民防空专业队伍按照“专业对口，平战结合；提高质量，保留骨干；混合编制，模块组合；系统储备，随缺随补；根据形势，按需组建”的原则，坚持“对口建队、科技强队、依法治队”的思想，由各级人民政府的相关部门组织进行必要的训练，并通过参加抢险救灾和消除空袭后果演习，提高专业水平。

各人民防空城市重点建立七种专业队伍。即：抢险抢修队、医疗救护队、消防队、治安队、防化防疫队、通信队、运输队。

4）人民防空教育。人民防空教育，是国防教育的组成部分，也是人民防空建设的重要内容之一。国家规定把人民防空教育纳入学校的教学内容，并利用多种形式对公民进行人民防空教育。开展人民防空教育，旨在使全民树立爱国主义思想、增强国防观念和人民的防空意识，掌握人民防空的基本知识和技能。人民防空教育的内容主要包括：国防观念教育、人民防空法制教育、人民防空基本知识教育、人民防空基本技能教育等。担负人民防空教育组织领导的各级党委、人民政府，既是人民防空教育的指导者，又是受教育者。我国人民防空教育实行学校、国家机关、社会团体、企业事业单位、城乡人民政府“五位一体”的组织形式，并采取多种途径，确保人民防空教育人员、时间、内容、效果的“四落实”。

5）人民防空法制建设。人民防空法制建设，是国家为了履行人民防空职能而进行的立法、执法、法律监督等一系列活动，是人民防空建设的内容之一。加强人民防空法制建设，既是我国人民防空建设的需要，又是人民防空主管部门履行人民防空行政职能的基本依据。其主要内容包括：人民防空立法、人民防空执法、人民防空行政执法监督、人民防空行政复议应诉等。

6）人民防空理论建设。人民防空理论，是人民防空行动的指南。人民防空理论建设重点是人民防空基础理论、人民防空建设理论以及人民防空斗争理论等。加强人民防空理论建设，主要是构建科学合理的人民防空理论体系，建立具有较高素质的人民防空理论研究队伍，健全完整系统的领导与管理，努力搞好人民防空理论研究的各种保障，全面提高人民防空理论研究的水平。

7）人民防空科研体系建设。人民防空科研体系建设是人民防空建设的组成部分。人民防空科研体系建设，涉及政治、经济、军事、技术等多个领域的多种学科，需要解决科研、开发、应用以及科研人才培养等一系列理论和现实问题。加强人民防空科研体系建设，是贯彻科技强业的重要途径。为此，必须采取加强人民防空科研规划管理，充分调动国家和地方两个积极性，增加人民防空科研经费投入，加强科研人才培养，完善科研项目投标、竞标机制，做好推广科研成果工作等措施，在建立健全具有我国特色的人民防空科研体系的基础上，积极探索，勇于创新，大胆实践，不断提高人民防空的战备、社会和经济效益，全面推进我国人民防空现代化进程。

（2）战时人民防空斗争的主要任务

高技术空袭兵器的发展，空袭方式和手段的增多，毁伤威力成倍的增大，使城市人民防空袭斗争的任务更加繁重。在未来高技术条件下局部战争中，城市防空袭斗争的基本任务主要是：组织对空侦察和防空袭警报报知；组织对城市的管制；组织消除空袭后果。特殊情况下，还要组织民兵防空部（分）队进行抗击作战。

1）组织对空侦察和防空袭警报报知。准确掌握空中情况，适时发放防空袭警报是顺利展开城市防空袭斗争的前提。尤其是在空袭之敌可能使用巡航导弹、隐身飞机等高技术兵器，进行防区外打击、夜间突防的情况下，准确掌握空情、适时发放防空袭警报，对于城市防空袭斗争从被动中争取主动，将显得更加重要。为此，城市人民防空指挥机构应在充分利用军队卫星侦察、航空侦察、雷达侦察情报、接收上级人民防空指挥机构空情通报的基础上，在城市周围特别是敌可能来袭的主要方向上，及早派出对空观察哨，组成严密的对空观察网，不间断地准确掌握空中情况，利用既设警报系统和广播、电视等大众媒体，及时发放防空警报，使广大市民和工厂、企业，能在敌人空袭之前做好防护准备。

2）组织城市人口疏散和掩蔽。组织城市人口疏散掩蔽，是防范和减轻敌空袭危害，保护人民群众生命和财产安全的有效措施，也是城市防空袭斗争的最主要措施之一。城市人民防空指挥机构通常按照上级命令或根据防空袭警报组织城市人民疏散掩蔽。

组织疏散时，应充分利用平时疏散地域建设的成果，按照预定的人口疏散方案，采取集体组织与个人投亲靠友相结合的方式进行。当发现敌有明显的空袭征候时，应当采取个人投亲靠友为主的方式及早组织城市老弱病残幼和其他有关人员临战疏散；当接到空袭警报时，应采取集体组织的方式，及时组织党政机关人员和可能遭敌空袭的重要目标及其附近的人民群众进行紧急疏散。

组织掩蔽时，应充分利用既设的人防工程，按照预定的留城人员掩蔽方案，根据防空袭警报，及时就地、就近进行掩蔽。

3）组织对重要政治、经济目标的防护。城市的首脑机关和关系国计民生的重要目标，是敌人空袭的重点。避免或减轻城市重要政治、经济目标遭敌空袭的损失，是确保城市秩序稳定、经济正常运转、保持战争潜力的需要。因此，组织对重要政治、经济目标的防护，是城市防空袭斗争的又一项重要任务。组织对重要政治、经济目标的防护，主要采取搬迁疏散、转入地下掩蔽和伪装欺骗三项措施。对可能搬迁的重要工厂、科研实验基地、电信中心等要及时搬迁；对易燃、易爆、有毒、有害物资，要及时、安全、分散转移到安全地带；对重要经济目标的重要车间、设备和关键物资、器材应及时加固，提高抗毁能力或转入地下掩蔽；对重要桥梁、火车站、水库、电站等目标，应采取各种措施进行防高技术侦察和精确打击的伪装。

4）组织城市防空管制。实行严格的城市防空管制，是在敌空袭情况下，保持城市良好秩序、保障各项防护行动顺利实施的重要措施，也是防空袭斗争中一项组织极其复杂的任务，它贯穿于城市人民防空袭斗争的全过程，渗透于城市人民防空斗争的方方面面。组织城市的防空管制，各级人民政府、街道和企事业单位要建立由上而下，分区分片负责的防空管控体系；统一制定战时城市防空管制规定和纪律。重点对城市的新闻信息、交通运输、社会治安、灯火等进行严格管制。

5）组织消除空袭后果。迅速消除空袭后果，对减少遭敌空袭的损失、稳定民心、恢复秩序，具有重大的意义。它是城市人民防空袭斗争中一项最具有战斗意义的任务。主要是对遭敌空袭破坏的城市供电、供水，供气等“生命线工程”和交通、电信等设施进行抢修；对坍塌房屋和伤亡人员进行抢救；对空袭而引起的火灾进行消防；对化工、能源等设施被炸而产生的次生灾害进行侦测标示、洗消和控制；加强宣传教育、消除恐惧心理、稳定群众情绪等。

6）组织抗击作战。当城市只有人民防空任务时，城市人民防空指挥机构还应统一指挥民兵高炮、高机等防空力量积极进行抗击作战，打击空袭敌机和巡航导弹，保卫城市的重要目标。

1.5.2 人民防空建设的方针

（1）人民防空建设方针的基本内容

依据《人民防空法》规定，我国人民防空遵循“长期准备、重点建设、平战结合”的方针。

长期准备，就是在和平时期，能够居安思危，有计划、有步骤地进行人民防空建设。平时组织人民防空建设，做好人民防空各项准备，是战时保护人民生命财产安全的基础和前提。因此，在和平时期，必须结合经济建设、城市建设，有计划、有步骤地做好人民防空的各项准备，只要存在战争威胁，这项工作就不能停止。在长期准备的同时，还要根据当前军事斗争准备的需求，把长远建设与应急建设紧密结合起来，集中人力、物力和财力，加强主要战略方向、重点地区人民防空的主要工程建设，以满足人民防空战备的应急需要。

重点建设，就是在服从和服务于国家经济建设大局的前提下，区分轻重缓急，有重点、分层次地进行人民防空建设。有重点地进行人民防空建设，也体现了人民防空建设与经济建设的客观要求。根据综合国力和国家安全利益需要，我国人民防空建设以城市特别是主要战略方向的城市为重点；各城市又以人员防护和关系国计民生的经济目标防护为重点；各主要城市和重要经济目标必须优先加强人民防空指挥体系、工程防护体系、专业队伍体系的建设，使其尽快适应未来高技术条件下局部战争的需要。

平战结合，主要包含两个方面的含义：一是平时的准备与战时的需求相结合；二是战时的防空要与平时的防灾、减灾相结合。也就是在确保战争效益的前提下，兼顾社会效益、经济效益。这充分体现了具有中国特色的人民防空建设，是我国人民防空发展的必由之路，也是国防建设的客观要求。改革开放的实践表明，人民防空平战结合，用一笔投资办两件事，既有利于发展经济，加快经济建设的步伐，多为国家做贡献；又有利于增强人民防空的持续发展能力，通过人民防空的长期准备，全面提高人民防空的整体防护能力。

（2）贯彻“长期准备、重点建设、平战结合”的方针应着重把握的问题

1）居安思危，常备不懈。居安思危，常备不懈，就是要在和平时期始终保持清醒的头脑，时刻牢记“备虞不虞”、“忘战必危”的古训，在抓紧进行经济建设的同时，大力加强国防建设，特别是人民防空建设。在科索沃战争中，南联盟作为一个弱小的国家，之所以能够持续抗击以美国为首的北约集团长达 78 天的空袭，在一定程度上防范和减轻了空袭所造成的损失，究其原因，主要是由于南联盟人民能够居安思危，常备不懈，长期实践铁托所提

出的“按照一百年不打仗的标准搞建设，按照明天就打仗的要求作准备”的战略思想，始终高度重视人防建设，为战时英勇顽强抗击强敌空袭创造了条件。

保持清醒的头脑，真正做到居安思危，常备不懈，必须克服在人民防空建设方面存在的模糊观念，充分认识高技术条件下人民防空的地位与作用。从目前我国人民防空建设的现状看，“无战论”、“无用论”、“无功论”，严重地影响着一些地区的人民防空建设，成了制约人民防空建设与发展的重要因素。“无战论”认为，当今世界和平与发展是主流，战争离我们还很遥远，甚至根本不会爆发，这种和平麻痹思想严重地束缚着人民防空的建设与发展。科索沃战争以美国为首的北约轰炸我驻南使馆血与火的事实，以及分裂主义集团分裂祖国的图谋表明：霸权主义和强权政治是战争的根源，战争离我们并不遥远。即使战争一时打不起来，也要积极准备，以防万一。“无用论”认为，高技术空袭兵器命中精度高、威力大，靠人防工程进行防护将防不胜防。然而，高技术条件下局部战争的实践表明，人防工程不但没有过时，而且仍然是抵御高技术强敌空袭的有效办法。“无功论”认为，人民防空建设投资大、负担重、见效慢，人民防空建设的成效往往在地下，成就看不见，业绩显不出。其实不然，从长远和发展的角度看，人民防空建设事业功在当代，利在千秋。

保持清醒的头脑，真正做到居安思危，常备不懈，必须进一步认清霸权主义发动战争的方式和惯用手段。从近期高技术条件下局部战争看，空袭与反空袭不仅成为高技术条件下局部战争的一种主要作战样式，而且在一定的战争背景下，还可能独立主导战争，从而决定着战争的进程与结局。早在20世纪60年代初期，英国蒙哥马利元帅曾发出感叹：“这要成为军事家们的一条禁忌：不要与中国军队在地面上交战”。在地面战争“打不起、打不赢”的前提条件下，霸权主义者则可能放弃地面战争，通过空中打击而直接达到战略目的。世界主要军事强国已经确立了“全球力量，全球参与”、“全球到达，全球作战”的战略构想，并追求“全空战、零伤亡”的战争模式。在新的战争形态和作战方式下，人民防空处于极重要的战略地位。江泽民主席指出：“像我们这样的大国，敌人一开始就大规模派兵跑到我们国土上来打仗的可能性看来比较小。如果战争一旦爆发，敌人恐怕还是利用精确制导武器、远程作战飞机进行空袭。”这一重要战略判断，进一步反映了包括人民防空在内的反空袭作战的极端重要性。由此可见，空袭将是霸权主义发动战争的主要方式和手段，也是我国面临的最严重威胁。人民防空是我国防空体系中的重要组成部分，因此，居安思危，常备不懈地抓好人民防空建设，对于保障打赢高技术条件下局部战争具有重要作用。

保持清醒的头脑，真正做到居安思危，常备不懈，还必须洞察世界各国人防的发展趋势，进一步增强我国人民防空建设的紧迫感。当前，世界各国特别是一些发达国家认真汲取第二次世界大战的经验教训，并考虑现代高技术空袭兵器的发展情况，对人防建设特别是地下防空工程建设十分重视，进一步加快了高技术条件下人防建设的步伐。俄罗斯认为人防已成为“保卫国家安危的最重要的战略措施”，并将人防纳入新的军事学科领域，作为国家战略的一个重要组成部分。美国认为人防是其“整个威慑力量态势中的一个必不可少的部分”。日本提出，其本土防卫应“以人防为中心进行考虑”。德国、瑞士等国均强调人防是其“总体防御的重要支柱”。为了保护平民在战争中的生命和财产安全，无论美、俄、英、法等军事大国，还是伊拉克、丹麦、瑞士、瑞典等中小国家，都将人防建设作为防备战争的重要内容，投入了大量的人力、财力、物力，人防建设已具相当规模。美国、俄罗斯的人防工程已经掩蔽全国70%～80%的人口，以色列、瑞士、瑞典等国可掩蔽全国人口的90%～

100%。同时，这些国家也都建立了全国的空情情报、警报传递和指挥通信网，制定了城市人口疏散计划，建立了人防专业队伍，为战时防空、平时防灾建立了比较完善的人防体系。从我国当前人民防空建设的现状看，与发达国家相比还有较大的差距。为了增强国防实力，全面提高打赢未来高技术条件下局部战争的能力，必须进一步加大人民防空建设力度，尽快缩小同发达国家的差距。

2）纳入议程，把握重点。纳入议程，就是各级党委、人民政府要本着对党和人民高度负责、对国家和民族高度负责、对未来战争高度负责的精神，始终把人民防空建设事业摆到重要议事日程，在抓好经济建设的同时，注重抓好国防建设特别是人民防空建设，积极主动地想人民防空、议人民防空、抓人民防空，真正把人民防空建设落到实处。

把握重点，就是各级党委、人民政府抓人民防空建设事业，要注意“把方向、抓根本、搞保障”。

把方向，就是牢牢把握人民防空建设的方针、政策，确保党中央、国务院、中央军委关于人民防空建设的任务、方针、原则，在本单位、本地区得到全面的贯彻落实。为此，首先要深刻领会党和国家关于人民防空建设的方针、原则，正确把握其精神实质；其次要紧密结合本单位、本地区的客观实际，坚持一切从实际出发，实事求是；再次要创造性地贯彻落实党和国家关于人民防空建设的指示精神，充分发挥中央和地方两个积极性，确保人民防空建设事业的健康发展。

抓根本，就是要紧紧抓住人民防空建设中的主要矛盾，从根本上解决制约人民防空建设发展的主要问题。从当前情况看，主要应从两个方面下功夫：一是抓“人”的建设，二是抓“法”的建设。抓“人”的建设，也就是抓人民防空的组织建设。要严格执行国家的有关规定，坚决落实人民防空部门编制，并将其纳入人民政府机构序列，使人民防空主管部门有其位、谋其政、司其职；要根据人民防空工作的实际需要，舍得将优秀人才调入人民防空主管部门，不断提高人民防空干部队伍的综合素质；要加强对人民防空主管部门的工作指导，重视人民防空干部队伍的管理教育，大胆提拔使用优秀的人民防空干部，营造“干人民防空工作光荣、当人民防空干部自豪”的氛围，鼓励人民防空干部安心本职、积极工作。抓“法”的建设，就是要加大人民防空普法、守法和执法的力度，重视根据人民防空建设的需要，健全和完善行政法规，为人民防空建设的不断发展提供有力的法律保障。

搞保障，就是党委、人民政府在既“挂帅”，又“出征”的同时，还要当好人民防空的“后勤部长”，切实为人民防空排忧解难。一是给政策。要根据人民防空建设的实际需要，在土地征用、资金借贷、工程建设等方面给予优惠政策，并加强与有关部门的协调，营造有利于人民防空建设的外部环境。二是给资金。各级党委、人民政府，要按照《人民防空法》规定，把人民防空建设资金列入地方预算，保证人民防空建设资金的落实；要拓宽人民防空筹资渠道，鼓励和支持企业、事业单位及个人在投资经济建设的同时，进行人防工程建设，并在税费征收、投资回报等方面给予适当的优惠和照顾；要在有条件的地区加大投入，为人民防空建设提供有力的资金保障。

3）更新观念，深化改革。更新观念，深化改革，就是要站在新的历史时期的高度来看待人民防空，摒弃“传统型”的人民防空建设思想，树立“高技术型”的人民防空建设观念，在人民防空建设内容、组织领导等方面，积极探索，大胆创新，努力开创人民防空建设的新局面。具体讲，应力求实现以下五个转变。

一是在人民防空教育上，要从过去一般防空知识教育，向注重高技术条件下人民防空和防灾救灾知识教育转变。在内容上，以国防观念教育、人民防空法规教育、高技术条件下人民防空知识教育、高技术条件下人民防空技能教育为重点，兼顾防灾、救灾知识教育；在教育形式上，实行学校、国家机关、社会团体、企业事业单位、城乡人民政府“五位一体”的组织形式；在教育方法上，综合采用大众媒体宣传教育、院校课堂教育、社会参观见学等途径，全面提高教育质量。

二是在人民防空防护体系建设上，要从过去注重单一的人员防护，向人员与重要经济目标防护并重转变。要针对高技术空袭的特点，统筹考虑人民防空防护工程、疏散地域和重要经济目标防护建设，并突出抓好重要经济目标的各种防护工程、设施的建设。要进一步提高人防工程的科技含量，建设能够有效应对敌高技术侦察监视、防敌精确打击的新型人防工程。防护工程的功能设计，既要考虑人员防护的需求，又要考虑重要经济目标防护的需求，使人防工程真正适应高技术条件下人民防空斗争的需要。

三是人民防空指挥建设上，要从过去以手工作业指挥为主，向指挥自动化转变。要进一步改革指挥体制，逐步建立健全适应高技术条件下人民防空需要、与要地防空和野战防空指挥相衔接、党政军紧密结合的一体化指挥体制，理顺指挥关系，提高指挥效能；要加强指挥手段建设，特别是通信、警报、指挥自动化系统建设，确保人民防空指挥系统的高效、灵敏、稳定；要加强人民防空指挥人才培养，全面提高人民防空指挥员及其指挥机关的组织指挥能力。

四是在人民防空专业队伍的建设上，要从过去适应一般空袭后果消除，向适应高技术空袭后果消除以及平时抢险救灾需要转变。重点培养与高技术条件下人民防空相适应的专业队伍。根据战争发展和人民防空斗争的需要，视情组建伪装示假、清爆作业、信息网络、特种救援等专业队伍。加强人民防空专业队伍的训练与管理，在平时完成抢险救灾任务中锻炼队伍，进一步提高高技术条件下人民防空专业队伍遂行任务的能力。

五是在防护措施上，要从过去以“老三防”（防核、化学、生物武器）为主，向“新三防”（防精确打击、防侦察监视、防信息攻击）转变。在“老三防”的基础上，要有重点地研究与发展高技术条件下“新三防”的方法与措施；要改革与调整教育和训练的内容、方法，突出演练“新三防”；在研究和发展实施“新三防”的装备与器材，全面提高高技术条件下人民防空的能力。

1.5.3 人民防空建设的原则

人民防空建设的原则，是指导人民防空建设的基本法则，是人民防空建设方针的具体化，也是组织实施人民防空建设的基本依据。《人民防空法》明确提出，我国人民防空建设“贯彻与经济建设协调发展、与城市建设相结合的原则”。其精神实质是：要求与经济建设发展的水平、与城市建设的规模相适应，把人民防空建设规划纳入经济建设和城市建设的统一规划，同步建设。同时，在经济建设和城市建设中要贯彻人民防空的要求，兼顾人民防空的需要，从建设、维护、使用、管理上，力求做到一笔投资，多种效益。

“与经济建设协调发展，与城市建设相结合”，体现了和平时期人民防空建设的特点和规律，是人民防空建设的最高原则和总要求，组织人民防空建设必须坚决贯彻执行。从当前和今后一个时期我国人民防空建设面临的客观情况，以及组织实施人民防空建设的实际需要看，为了进一步吃透精神，把握实质，确保人民防空各项建设实现与经济建设协调发展、与城市建设和防灾减灾相结合，做到不偏不倚、健康推进，上述总原则又可细化为以下几个方面的具体原则。

（1）着眼全局、统筹规划

着眼全局、统筹规划，就是要着眼战略全局与社会发展的长远利益，对整个人民防空建设进行通盘考虑、统筹安排、统一规划。人民防空建设的整体规划，要适应国家战略和国防建设的需要，考虑国家经济建设与城市建设的要求，从全国及各地区的实际出发，兼顾现实与未来，优化结构、协调发展、配套建设，力争做到既能保证战时人民防空的需要，又利于平时的经济建设、群众生产和城市的全面持续发展。

贯彻着眼全局、统筹规划的原则。首先，各级党委、人民政府一定要把人民防空建设摆在重要位置，并纳入党委、人民政府的工作规划，这是统筹规划的首要前提。只有真正将人民防空建设事业纳入各级党委、人民政府的工作规划，才能切实做到与经济建设协调发展、与城市建设相结合。其次，国民经济建设、城市建设一定要与人民防空建设统筹规划，协调发展。从某种意义上说，人民防空建设的统筹规划，更重要的是与国民经济建设、城市建设的统筹规划。这是更高层次上的统筹规划，也是根本上的统筹规划。唯此，才能真正将人民防空建设落到实处。否则，统筹规划只能成为空话。第三，人民防空建设的各项工作要统筹规划。人民防空建设涉及工程、通信、警报、指挥自动化系统、疏散地域、专业队伍建设，以及人民防空教育等方方面面。因此，各项工作都必须统筹规划。只有将人民防空的各项工作进行统筹规划，通盘考虑，才能使人民防空建设有计划、有步骤地进行，才能全面提高人民防空建设效益。

（2）同步建设、协调发展

同步建设、协调发展，是指经济建设与人民防空建设同步进行，协调发展，相得益彰。人民防空建设与经济建设协调发展、与城市建设和防灾减灾相结合，主要包括两个方面含义：一是从国家建设的大局看，人民防空建设要与经济建设协调发展，要与经济发展水平相适应，提出切实可行的发展目标和规划。既不能盲目发展，一哄而上，超越经济条件；也不能不发展、慢发展，滞后于经济建设。二是从人防工程建设角度讲，人防工程应当与城市建设和防灾减灾相结合，从规划、设计、建设、维护、使用、管理等方面，力求做到统一规划、同步建设、节省投资、提高效益、符合经济规律。既要为国家节约人力、物力、财力，又要依法进行人民防空建设。

贯彻同步建设、协调发展的原则，应当着重把握以下问题：一是县级以上人民防空主管部门要根据国防建设需要、国民经济发展水平和城市总体规划，制定切实可行的人民防空建设规划，经城市人民政府批准后，在城市建设中逐步落实。二是县级以上人民政府的规划部门在制定城市规划时，应当符合人民防空的要求，并将人民防空建设规划纳入城市总体规划。三是县级以上人民政府的建设部门在实施城市建设时，要接受人民防空主管部门对城市建设的监督，以避免漏建、不建、违建等现象。

（3）突出重点、分步实施

突出重点、分步实施，就是要有计划、有重点、分步骤地实施人民防空的全面建设。由于人民防空建设涉及面广、工作量大，而且建设周期长、规模大、投入高，必须在统一规划的基础上，突出重点，分步实施。

人民防空建设的重点主要有三个：一是城市。城市是国家或地区的政治、经济、文化中心，通常是敌人实施空袭的重点，因而也是防护的重心所在。尤其是防护类别高的城市和其他大、中城市，是人民防空的重点，应优先实施建设。根据《人民防空法》的规定，国家对城市实行分类防护，城市的防护类别、防护标准由国务院、中央军委规定。很显然，对国家定为防护类别高的城市应当实施有重点的建设。二是重要经济目标。重要经济目标是国民经济的支柱，是国家赖以生存与发展的基础，也是战争潜力所在。高技术条件下作战，重要经济目标往往是敌人实施空袭的重点，而且这些目标防护难度更大。因此，对重要经济目标的防护建设，应当作为整个人防工程建设的重点。三是重要的人民防空工程，按照不同的防护要求，实行分类指导，其中，特别重要的工程应当作为人民防空建设的重点。如，人民防空指挥工程，通信、警报系统的防护工程，领导机关的掩蔽工程等，应当有重点地实施建设。

（4）科技强业、注重效益

科技强业、注重效益，就是注重运用现代科学技术手段，大力促进人民防空建设的发展，使人民防空的各项建设和准备，既符合战备的需要，又能在平时经济建设中发挥作用，把战备效益、社会效益和经济效益统一起来，巩固和发展人民防空的建设成果。改革开放以来，各级人民防空部门坚持科技强业、注重效益的原则，积极推进科技进步，不断加速人民防空现代化建设，使我国人民防空建设的现代化水平有了新的提高。我国人民防空建设的实践表明，坚持科技强业、注重效益的原则，是加速人民防空建设，提高人民防空现代化水平的根本途径。

贯彻科技强业、注重效益的原则。首先，要有重点地将现代科学技术引入人民防空建设的各个领域，特别是人民防空通信、警报和指挥自动化以及人防工程等领域；其次，要充分发挥现有科技力量的作用，依靠广大人民群众，发挥中央和地方两个积极性，积极开展人民防空科研活动，大力促进人民防空技术革新。

（5）依法建设、依法管理

依法建设，依法管理，就是要加大执法力度，严格按照《人民防空法》的要求进行建设和管理。当前，由于长期的和平环境，使部分干部、群众的国防观念和防空意识有些淡化，在人民防空建设中存在着随意性和盲目性，有法不依、违法不究、执法不严的现象时有发生。因此，必须加大执法力度，做到依法建设，依法管理。

贯彻依法建设、依法管理的原则。首先，要加强人民防空法规的配套建设。真正做到有法可依，有章可循。坚决克服人民防空建设中的随意性和盲目性。其次，要进一步加大执法力度。一方面，各级党委、人民政府要依法行政，严格按照《人民防空法》的规定，切实加强人民防空建设，坚决杜绝任何失职、渎职现象的发生。另一方面，要依法建设与管理。各级人民防空主管部门要加强对人民防空建设管理等各个环节的检查与监督，坚决查处各种违法违纪行为，确保人民防空建设的健康发展。第三，要切实加强人民防空建设的管理。要严格把握人防工程建设规划与设计、质量与进度、检查与验收等环节，注重提高人防工程质量。总之，通过建管结合、依法建管、边建边管等方式，进一步促进社会主义市场经济条件下人民防空建设的发展。

1.6 人民防空的地位和作用

随着空袭兵器的日益高技术化，空袭已成为高技术局部战争的独立阶段和主要作战样式。从我国当前和今后一个时期的安全环境看，空袭将是国家面临的主要威胁。因此，人民防空的地位作用非常突出。

1.6.1 人民防空具有强大的威慑作用

人民防空作为一种相对消极的防空手段，产生之初只是在局部地区，通过采取简单的措施，防范对方空袭的直接打击，降低损失，减轻危害，尚不能对整个国家的国防能力产生大的影响。然而，随着空袭兵器特别是高技术空袭兵器的发展，空袭的破坏效能迅速提高，空袭已成为高技术强敌制胜的主要手段，从而使防空不仅越来越困难，而且越来越重要，防空作战的成败已成为高技术局部战争胜负的决定性因素。伴随防空地位的提高，人民防空日益受到世界各国的高度重视，无论是军事强国还是弱小国家，都已把人民防空列入国防体系，使人民防空成了国家防务名副其实的重要组成部分。

高技术条件下的战争，通常是局部战争。局部战争的目的往往不是彻底消灭对方的军队，也不是单纯地攻城掠地，而是通过有限的军事行动，迅速破坏对方国防体系，瘫痪对方国民经济，动摇对方政治统治，摧垮对方抵抗意志。在这种情况下，交战一方哪怕是武器装备相对落后的一方，如果建有可靠的防护体系，具有强大的人民防空能力，能够确保在遭到对方袭击特别是高技术空袭的情况下有效地保存自己，就会对发动战争的一方起到强大的威慑作用，使其因顾及战争结果而不敢贸然行动。许多国家认为，人民防空是高技术战争中求得生存的重要战略措施，是战时决定性的战略因素和有效的威慑力量。美国前国会的一名议员说："一个强有力的人防甚至可以提供比我们大多数杀伤武器都大的制止战争的作用"。美国一些人防专家也指出："人防同任何武器装备一样重要，关系到国家的生存和能否遏制战争"。他们曾在观摩我国的人民防空建设成果后评论："中国已经拥有给人印象很深的、令人生畏的人防系统"。我国国家领导人也曾指出："人民防空工作属于战略问题，人民防空工作、尤其是城市人民防空工作搞好了，在一定的程度上也能够增加延缓和制止战争的因素。从防御的角度讲，人民防空本身就是一种威慑力量，对于制止战争，维护和平具有重要作用"。六七十年代，我们为了应付可能发生的侵略战争，大兴人民防空建设，在当时形势下对遏制和预防战争的爆发发挥过重要作用。

1.6.2 人民防空对于保存战争潜力具有战略意义

战争潜力虽然平时并不表现为直接的战斗力，但战时却能根据需要迅速转化为实际战争能力。因此，战争潜力是战争胜负的最终决定因素。尤其是高技术条件下局部战争，作为综合国力的较量，对战争潜力的依赖性更强，只有确保潜力，才能最终打赢。因此，人民防空具有特别重大的意义。首先，人民防空能有效地保存国家经济潜力。我国人民防空的重点是国家或地区的政治、经济中心，大、中城市，主要工业区，重要的交通、通信、电力、水利、仓库等设施，这些目标正是国民经济的支柱，加强人民防空建设，严密组织防护，对于提高这些目标的生存能力无疑将发挥重要作用。高技术空袭虽然难以彻底防范，但通过合理的分散布局，尽可能的地下化，科学的内部网络结构，严格的伪装保密，积极组织抢救、抢修等，将空袭损失控制在一定程度是可能的。科索沃战争中，南联盟利用长期积累的人防建设成果，有效地保护了大量经济目标，对于较长时间地支撑战争以及战后的恢复建设发挥了重要作用。海湾战争中，伊拉克曾在一昼夜内修复被毁设施的 20% 。单从人民防空的角度看，这些经验是宝贵的。其次，人民防空能有效保存人力资源。人力资源是战争潜力的重要组成部分，是维持战争能力的源泉。据有关资料介绍，战争中平民伤亡的人数是：第一次世界大战 50 万，第二次世界大战 2400 万，朝鲜战争 50 万，越南战争 200 万。这些平民的死亡，绝大部分由敌人的空袭所致。我国人民防空以保护人民群众的生命和财产安全为重要任务，强调通过人民防空教育和训练，提高全民的防空意识和防护技能，注重修建规模合适的人员防护工程和人口疏散地域，力求战时快速救治，必将在未来保存人力资源方面发挥巨大作用。海湾战争和科索沃战争，被空袭一方的人员伤亡之所以较少，除了其他方面的原因以外，人防充分发挥了应有的效能是一个重要因素。再次，人民防空能稳定民心士气。高技术空袭一旦发生，大量建筑物被毁，居民生活环境恶化，生命财产受到严重威胁，极易引起心理恐慌和行动失措，动摇民心士气。对此，只有通过平时的人民防空教育、战时广泛深入的人民防空动员以及切实有效的人民防空措施，才能使广大群众做好心理准备，增强防护信心，从而处乱不惊，始终保持旺盛斗志。

1.6.3 人民防空对配合军队作战具有重要作用

人民防空经过平时的长期建设，不仅具有保护人民群众和国民经济潜力的功能，而且还能较好地配合和支援军队作战。第一，利用人民防空通信警报系统可以为军队作战提供情报信息。人民防空通信警报系统覆盖面大，获取情报的手段灵活，传递情报的途径多，有时在某些方面可能比军队更容易了解和掌握敌情。据有关资料介绍，科索沃战争中，南联盟击落美 F-117A 隐身战斗轰炸机，从飞机起飞开始，南联盟人防系统派出的侦察人员就掌握了其预定航向、攻击目标等信息，并迅速通报了南联盟军方，保证了南联盟防空部队及时发现敌机并一举将其击落。因此，在为军队提供情报信息方面，人民防空大有可为。第二，人民防空可为军队提供必要的工程设施。大量的人民防空工事，战时可作为军队隐蔽指挥的场所，可为部队隐蔽行动提供条件，可储存军用物资和装备等。科索沃战争中，南联盟面对北约高精度、大威力的空袭，之所以指挥联络不断，通信设备损坏率只有 15% ~20% ，主要原因就是其指挥通信系统及时进入了战前修建的人民防空工事内。第三，人民防空可为军队作战提供大量的人力支援。战时经动员后，庞大的人民防空力量，足以为作战部队提供必要的兵员补充，特别是大量的人民防空专业队伍，懂技术、素质高，作为技术兵员，根据需要充实到部队中去，对于全面提高军队的反空袭作战和保障能力将发挥重要作用。第四，可靠的人民防空，可以消除官兵的后顾之忧，激励斗志。

2 信息化战争与人防工程建设的对策

2.1 信息化战争

2.1.1 什么是信息化战争

信息化战争是指以信息为基础，广泛使用信息技术，并以信息化武器装备为主要战争工具和作战手段，以系统集成和信息控制为主导，在全维空间内通过精确打击、实时控制、信息攻防等方式进行的战争。

2.1.2 信息化战争的特点

与机械化战争等传统战争形态相比，信息化战争具有以下六个方面的特点。

(1) 战争工具——信息主导

战争工具决定着战争形态，有什么样的战争工具，就会有什么样的战争形态。信息时代的战争工具主要是信息化武器装备，信息化武器装备的主要特征是实现了武器装备的信息化、智能化和一体化。

能量结构。能量结构及能量释放方式是决定武器杀伤机理的基本要素。从能量构成要素来看，信息化战争中，战争能量从传统的体能、化学能、电能、电磁能、机械能、核能等物理能量转变为智能。智能是信息化战争中的主导能量，它通过对其他物理能量的控制而产生效能。信息化战争中，机械时代的动力、平台、武器等仍具有重要作用，但能量释放结构产生了变化，电子信息装备由辅助性、保障性装备变为主导型装备，并通过系统方式渗透、融合到动力、平台、武器中去，对能量及能量释放的时机、方式、数量、比例等进行精确控制，从而达到投入最小、效益最高的目的。

效能标准。机械化战争主要强调数量和规模的累加，信息化战争则强调质量对效能的控制。传统战争主要通过火力摧毁来达成杀伤破坏的目的。信息化战争中，信息技术除对多种不同能量和武器装备相互融合外，还可对能量释放效能进行有效控制，控制的结果是更加精确，能够通过较少的能量释放获取极大的作战效果。因此，在战斗毁伤效能方面，不再强调装药量的多少，而是突出精确有效的原则。精确高效的度量指标是效费比。高效费比是指在战争中投入较少、效益较高，通常效费比可达 1∶10 以上。要想达到这样的目的，必须提高武器的命中精度。

(2) 战争力量——整体凝聚

体系对抗。信息化战争中，作为主要武器装备的 C^4ISR 系统、信息战装备、精确制导武器和信息化作战平台，通过全球信息栅格进行无缝连接之后，将形成全维度、全天时、全天候的一体化、实时化作战体系。在这样的作战体系中，传统战争中那种贪大、求全和追高的观念将没有任何意义，因为品种、规模、性能不再是提高作战效能的关键性要素，系统集成和横向一体化成为最关键的要素。武器装备品种再多、规模再大、性能再好，如果不能并入系统，则不可能发挥作用，在战场上不仅不能形成战斗力，反而将可能成为受打击的目标。信息化战场是一体化系统对抗的战场，拥有完善的信息化作战体系的一方能够控制作战手段，灵活选择目标并控制战争进程和节奏；没有相应信息化作战体系的一方，则群龙无首，一盘散沙，数量众多但没有灵魂，因而难以形成作战效能。

力量凝聚。机械化战争中，战争力量主要表现为物质力量。信息化战争中，智能和知识处于力量凝聚的核心和主导位置，战争力量的凝聚主要依靠信息控制。从力量要素来看，信息化武器装备成为主导性要素，传统的机械化作战平台地位下降。力量的凝聚，必须是在掌握制权优势，尤其是在夺取并控制信息优势和空天优势的前提下进行的。只有这样，才能确保在准确的时间，把所需的力量准确地调整和机动到准确的地点和方向，对目标进行精确打击。信息化战争中，指挥艺术和军事谋略仍非常重要，但重点偏向两个方面：一是战略层面交战双方的排兵布势、斗智斗勇和战略欺骗；二是战役战术层面的自动化指挥和控制。

（3）战争时空——全维一体

时间加速。信息化战争中，弹道导弹速度达到15Mach，战术导弹速度达到3～5Mach，然而，比这个速度更快的是光速和电磁波速度，每秒钟30万km，所见即所得。只要眼睛看见目标，这个目标就意味着立即被击毁。

空间融合。冷兵器战争和热兵器战争中，都是在平面单维空间内进行的战争。机械化战争中，不断向空中、海洋、水下、太空和电磁空间拓展。信息化战争仍然需要分别制权，各军兵种仍可继续主宰各自传统的作战空间，所不同的是在时间、空间和力量诸要素之间，必须统一标准，实现互联、互通、互操作，最终形成一个相互融合的体系。这样一个横向一体化的网络体系建立起来之后，陆海空天电等相互分离的作战空间将成为一个全维一体的作战空间，在这个全维空间内，战场是流动的，信息是实时的，时间、空间和力量等诸要素是融合的，力量的运用将非常灵活而且可调、可控。

（4）战争实施——精确控制

全频谱控制。传统战争中，战争的实施主要依托作战指挥方式和作战手段的运用。信息化战争中，当全球信息栅格建立起来之后，全维空间呈现一体化模式，在这样的作战空间内，传统的战场概念将不复存在，依托于特定战场和特定军兵种而萌生的作战方式也将自然消亡。届时，精确控制将成为信息化战争的精髓。精确控制主要是全频谱控制战，侧重进行战略信息战和战场信息战，目的是对全维空间、全频谱信息、全部作战力量和战争资源进行有效控制。控制的结果有两个：对己方而言，通过系统集成使力量倍增，作战效能呈指数增加；对敌方而言，通过控制使之处于瘫痪，部队因失去指挥而成为乌合之众，兵力兵器因失去空间将无法机动，因失去时间只能坐失良机、被动挨打。在这种情况下，即便拥有力量，也已经被分割、被瓦解，难以发挥有效作用。

精确打击。精确作战从量变到质变经历了半个多世纪，跨越了三个历史阶段。第一，从近距厮杀到火力毁伤。第二，从面杀伤到点摧毁。精确制导武器在战争中的使用比例从越南战争中的0.2%、海湾战争中的8%，提升到伊拉克战争中的70%。第三，从精确摧毁到实时打击。伊拉克战争中使用的精确制导武器，已经具备了三种能力：一是自主攻击能力。发射后不管，自动寻找并摧毁目标。二是实时攻击能力。从发现目标到打击目标实现一体化，武器反应时间趋于实时。三是防区外发射能力。作战平台可远离威胁区使用武器，既能准确打击目标，又可实现自我防护。

（5）战争保障——多维聚焦

精确保障。从保障对象上来看，冷兵器战争中人是战争中保障的主要对象。热兵器和机械化战争中，作战平台和枪炮弹药等武器成为保障的主要对象。信息化战争中，侧重于智力、知识、信息、网络的综合保障，在此基础上加强对保障要素的融合与控制。由于信息化武器装备与机械化武器装备是相互融合的，所以机械化战争中保障的要素大部分将继续存在下去，但必须用信息化理念、网络和软件加以改造，使所有保障要素融入到作战体系中去，从而达到有效控制和精确保障的目的。

多维保障。传统战争中，战场建设和战争动员是战争力量的重要组成部分。在信息化战争全维保障的情况下，战场建设将更具备军民两用特征，而且平时和战时必须实现快速转换。随着战争持续时间急剧缩短，传统的战争动员模式必须改变，在时间上强调快速动员，在内容上重视信息动员，在方法上突出预储预置，以满足战争对快速保障的需求。

力量保障。信息化战争中，更加强调质量效能。质量表现为知识，效能表现为控制，数量规模依然重要，但将是有知识、能控制的数量和规模。战争不再是军人的专利，以计算机和网络为核心的军事装备也不再是军队的专属，最先进的技术可能最先使用于民用装备。因此，保障力量表现为信息化保障，这种性质的保障难以区分军用还是民用。所以，军队专有保障开始向社会化保障发展，专业清晰、分工明确的机械化保障开始向专业模糊、系统集成的信息化保障推进，用来进行实际作战的兵力兵器越来越少、越来越精，而软件设计、网络控制、信息资源、装备维修等保障力量明显增加，“牙齿”越来越锋利，“尾巴”越来越粗壮。

（6）战争制胜——人机融合

人机一体。信息化战争中，人的智能与武器的性能融为一体，赋予武器以智慧和灵性。信息化武器不再是傻大黑粗的机器组件，而是具有人工智能、会思考、能判断，可以自动发现、识别和打击目标的机器人，“战斧”巡航导弹，JDAM 卫星制导炸弹等都是这样的机器人武器。人的高超智慧、指挥艺术等可先期融入武器系统之中，也可在作战过程中通过对武器的实时控制来提高其作战效能。这样的智能化武器与机械化武器装备最大的不同，就是专属性增强。未来战争需要更高素质的人才，没有知识、没有文化的军队是愚蠢的军队，愚蠢的军队是无法打赢信息化战争的。

自动控制。全球信息栅格建成之后，在战役战术层面将实现自动化实时指挥，人工干预、边想边干的指挥模式越来越少。指挥艺术和军事谋略在很大程度上表现在战前的作战运筹和战中的战略性交战，甚至被融入到人机交互系统、专家知识库系统和武器智能制导系统中去。因此，指挥层次越来越少，指挥效能越来越高，呈现实时化、扁平化、一体化特征。战略指挥员直接指挥到单兵、单舰、单机的现象越来越普遍，战略性战斗将成为信息化战争中的主要作战样式。

2.2 武器效应及防护原则

武器效应系指现代兵器对人员和工程设施的杀伤、破坏作用和特征。通常人防所考虑的武器包括核武器、化学武器、生物武器、常规武器和信息化武器装备。

2.2.1 核武器

（1）什么是核武器

核武器是利用核裂变反应（原子弹）或核聚变反应（氢弹）在瞬间释放出巨大能量，从而达到大规模杀伤人员和破坏城市设施的一种现代武器。原子弹和氢弹统称为核武器。

原子弹主要由核装料（铀^{235}或钚^{239}）、炸药、中子源和起爆装置等组成。当起爆装置点火后，炸药爆炸所产生的压力，使核装料迅速达到超临界状态。此时，在中子作用下，铀^{235}或钚^{239}的原子核不断进行裂变的链式反应，并在极短时间内（不到百万分之一秒）放出巨大的能量，从而产生猛烈的爆炸，原子弹爆炸时，在核装料裂变的反应区内，温度可高达几千万度，压力可高达几百亿个大气压。

氢弹是利用轻核聚变反应瞬间放出的巨大能量，起杀伤破坏作用的武器，由于轻核聚变反应需要在极高的温度下才能进行，所以氢弹又叫热核武器，通常，氢弹的核装料为氘化锂，用原子弹作为引爆装置。当氢弹爆炸后，氘化锂在爆炸产生高温、高压的中子作用下，锂即产生氚。随之氚和氘迅速聚合，放出极其巨大的能量，引起更为猛烈的爆炸。

核武器的威力通常以“梯恩梯当量”表示。所谓当量是与核爆炸能量相当的普通炸药梯恩梯的重量。原子弹的梯恩梯当量有几万吨到几十万吨。氢弹的梯恩梯当量有几十万吨到几百万吨，甚至有的为几千万吨。

（2）核武器的爆炸方式

核武器的爆炸中心称为爆心，从爆心到地面（水面）的铅垂直距离称为爆高。爆心在地面（水面）的铅垂投影点称为爆心投影点。

核武器的爆炸方式是按核爆炸爆心与地面（水面）的相对位置划分的，不同方式的核爆炸，其爆炸现象有很大不同，对目标的杀伤破坏作用的特点和程度也有很大不同，爆炸方式主要有空中爆炸、地面（水面）爆炸、地下爆炸和水下爆炸。空中爆炸又可以根据其相对爆高（即爆高与武器当量立方根的比值）区分为低空爆、中空爆、高空爆和超高空爆等。爆炸方式不同核武器的爆炸效果就不同。人防工程（包括防空地下室）设计中一般按核武器的中空爆炸考虑。

核武器的爆炸景象：在距离爆心较远的地方（带上特制的墨镜）观察核武器的空中爆炸时，首先是强烈的闪光，随后出现火球，再其后出现蘑菇状烟云，并在此之后还能听到巨大的声响。闪光的持续时间十分短暂，但强烈的闪光在离爆心几十公里至几百公里以内的地方均能看到。闪光之后即出现一个明亮的火球。形成初期的火球体积很小，但热辐射十分强烈，像一个火焰翻滚的太阳。高温高压下的火球，其体积迅速膨胀，且不断地上升。由于急剧的冷却，在数秒或数十秒后，火球变成为灰褐色的烟云团。烟云团迅速地上升，体积不断地扩大；烟云的上升，使地面被掀起尘柱；烟云与尘柱构成高大的蘑菇状烟云。烟云在上升过程中，其上升的速度逐渐变缓，升到一定高度后会停止上升；于是在自然风的作用下，烟云向下风向漂移，并慢慢消散。伴随上述过程，核爆炸冲击波向四面传播，并能听到巨大的声响。当爆炸方式不同时，其核爆炸的外观景象略有不同，烟云形状也不相同。

（3）核武器的杀伤破坏因素

在核武器爆炸时及爆炸后，会相应地产生五种杀伤破坏因素，即热辐射、早期核辐射、核电磁脉冲、空气冲击波和放射性沾染。

1）热辐射（亦称光辐射）。热辐射系指在核爆炸瞬间形成的火球所辐射出来的极强的光和热。极强的光和热可以在相当大的范围内造成杀伤破坏。

性质：①热辐射以光速传播。因本质上热辐射与光线是一致的，所以它能以 3.0×10^5km/s的速度传播。②热辐射可以烧伤人、烧死人，并且可以点燃各种有机物，甚至可以熔化钢铁。③与光线相同，不能透射不透明物体。

2）早期核辐射（亦称贯穿辐射）。早期核辐射系指在核爆炸瞬间，核反应过程中辐射出来的 γ 射线和中子流。

早期核辐射之所以称为“早期”，是因为在核爆炸过后回落到地面、水面上的放射性灰尘，其杀伤破坏性质与早期核辐射是一致的，都是核辐射。由于早期核辐射形成于核爆炸初期；而放射性灰尘对地面、水面形成的沾染产生于核爆炸的数十分钟之后，故称爆炸瞬间形成的核辐射为早期核辐射。

性质：①早期核辐射以光速传播。②与光线有所不同，早期核辐射能够透射不透明物体。在透射过程中，辐射剂量将受到一定的消弱。就是说早期核辐射，其透射后剂量与透射前剂量是不相等的。被削弱的程度与被透射物体的密度和厚度有关。例如：使透射后剂量为透射前剂量 10% 的几种材料厚度（见表 2-1）。③早期核辐射可使人员（或动物）患射线病，轻者致伤，重者致死。早期核辐射对胶卷、光学玻璃、半导体元件和维生素等均有一定的破坏作用。

表 2-1　消弱剂量 90% 所需材料厚度（cm）

钢　材	混凝土	砖砌体	土　体
10	35	47	50

3）核电磁脉冲。核电磁脉冲是在核爆炸瞬间，因大量的 γ 射线与空气分子相互作用引发电子流，从而造成瞬间的，然而是很高的电场强度，即形成大面积的核电磁脉冲作用区。形象的说，犹如闪电发生前的瞬间状况。

性质：①核电磁脉冲以光速传播。②核电磁脉冲可以破坏电气产品，尤其容易破坏自动化系统，或使其产生误动作。③至今尚未发现核电磁脉冲对人、动物和建筑物产生破坏作用。

4）空气冲击波（简称冲击波）。空气冲击波是核爆炸中占能量比例最大、产生杀伤破坏作用最大的一个杀伤破坏因素。在核爆炸的能量分配中，冲击波大致占 50% 。

冲击波是由于核爆炸形成的高温、高压气团的急剧膨胀，猛烈压缩周围空气，从而在空气中形成的具有强间断面的纵波。在冲击波波阵面后面是高压高速气流。冲击波因有巨大的能量，故具有极大的破坏力。冲击波可使人员、动物致伤（冲击伤）、致死；可使城市的建筑物遭到破坏或倒塌。地面建筑物的倒塌又会使人员受到间接伤害。从过去战争的统计结果看，城市居民中遭间接伤害的比例并不亚于遭直接伤害的比例。

地面冲击波的形成：中空或低空核爆炸形成的空气冲击波，开始是以球形向四面八方均匀地传播。但当冲击波遇到地面时，就会形成反射波。由于反射波是在入射波波阵面的后面（高压高速气流中）传播。所以，在距爆心一定距离处反射波会“追上”入射波，并在其后形成合成波。因为合成波是沿着地面传播的，故通常称合成波为地面冲击波（如图 2-1）。

对于量大面广的一般防空地下室在防冲击波方面均按防地面冲击波考虑。防空地下室的抗力等级即按防地面冲击波超压峰值的大小划分的。

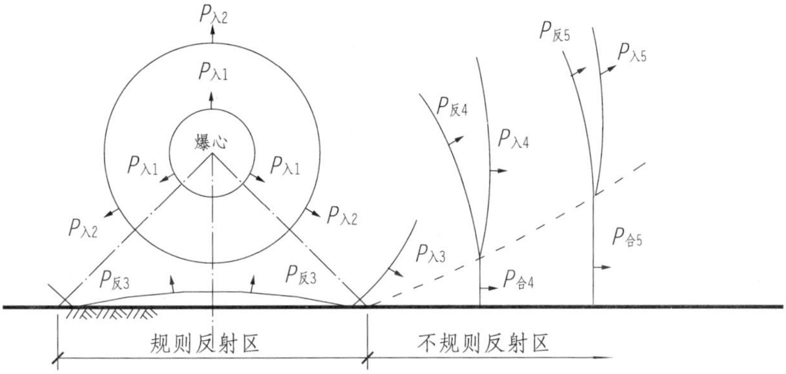

图 2-1 地面冲击波形成示意图

$P_{入}$—入射冲击波；$P_{反}$—反射冲击波；$P_{合}$—合成冲击波

地面冲击波的特征：

①作用超压和负压：由于冲击波中包含有一压缩区，其所到之处（不论是垂直于目标冲击，还是平行于目标滑过），对周围产生一压力（即所谓超压）。该压力在性质上与大气压相似，其压力和大小是各向同性的。位于地面以下的工事，虽未受到冲击波的直接作用，但由于地面承受超压，通过地层介质，仍可将此作用传递至工事结构。

冲击波稀疏区中压力低于大气压，产生所谓（吸力）负压作用，但负压很小（约为0.2～0.3kg/cm^2），对一般防护结构不必考虑，只是在设计防护门的闭锁、铰页时需给予注意。

②在岩土介质中产生土中压缩波。由于地面冲击波对地面的大范围、长时间的作用，使得在岩土介质中产生土中压缩波。土中压缩波的传播会对处于土中的防空地下室结构形成巨大的荷载，并且随着土质的不同，会在地下室的顶板、外墙和底板产生不同的压力。

③突然作用。冲击波所到之处，压力突然急剧地上升至最大超压值，然后再缓慢地下降。这种突然作用的性质，使冲击波的作用具有明显的“动载”特征。人防工事结构抗核武器设计的重要内容之一，就是根据作用的动载，选定结构的尺寸与构造。动载计算中，不仅需要知道最大压力值，而且需要明确压力随时间变化的规律及正压作用时间。

④无孔不入。由于冲击波通过空气介质传递压力，其超压作用时间较长，约十分之几秒到几秒钟，而普通装药爆炸波的作用时间只有千分之几秒。因此，它具有“无孔不入”的特性。它可以绕过工事前墙从工事背后破坏工事，也可以通过孔、洞、门缝钻入工事内部杀伤人员，破坏设备。

⑤产生反射。如冲击波前进方向上遇到障碍物，则高速运动的空气分子撞击障碍物的迎波面，产生所谓冲击波的反射现象。这时作用在障碍物反射面上的压力称作反射压力。如设原来的冲击波压力（称作入射压力）为 $P_{入}$，若某一足够大的平面障碍物的反射面与入射冲击波传播方向垂直（称作正反射），则作用于障碍物表面的反射压力为：

$$P_{反} = P_{入}\left(1 + 7 \cdot \frac{P_{入} + 1}{P_{入} + 7}\right)$$

式中 $P_{反}$——反射压力；

$P_入$——入射压力。

由以上公式得知：正反射压力是入射压力值的 2 ~ 8 倍。其倍数的大小与入射压力的大小有关，见表 2-2。

表 2-2 冲击波反射压力

$P_入$（MPa）	$P_反$（MPa）	倍　数
0. 050	0. 120	2. 40
0. 100	0. 275	2. 75
0. 300	1. 140	3. 80

5）放射性沾染。放射性沾染系指具有放射性的核爆炸产物以及感生放射性的灰尘等对地面和水源等的污染。放射性微粒一般是在核爆炸后的 0. 5 ~ 1. 0h 之后，从空中回落到地面、水面的。

放射性沾染的杀伤破坏作用在本质上与早期核辐射是一致的，放射性微粒可以在较长的时间内不断地放射 α、β、γ 射线。

性质：①放射性沾染可以使人员（或动物）患射线病。如果将放射性微粒食入或吸入人体内部，会受到内照射，后果更为严重，足以使人致残、致死。②放射性微粒的放射性难以改变。③放射性微粒一般难溶于水。④放射性微粒的放射性作用会持续一段时间。

（4）对核爆炸空气冲击波的防护原则

根据冲击波作用超压、突然作用、无孔不入、产生反射等特征，其破坏人防工事的主要途径为：使防护结构承受过大动载而破坏或不能继续使用；破坏附近建筑物或工事孔口，造成出入口和各种孔口堵塞；通过各种孔口（进、排风口、门孔等）进入工事，杀伤内部人员，破坏各种设备。针对以上情况，对核爆炸冲击波防护的基本原则为：

1）根据战技要求，工程的任务，地形、地质条件，选择工事出入口的位置。

2）选择合理的结构形式，根据工事抗力等级，设计可靠、经济、各部分强度相适应的防护结构。

3）设置两个以上的出入口，保持一定距离，并尽量在不同方向上，以免同时被破坏；保证防护门闭锁、铰页抗冲击波负压的强度。

4）对各种孔口，应根据要求设置必要的防护设备，使冲击波不能进入工事，或将其超压削弱至允许值。

2. 2. 2 化学武器和生物武器

（1）化学武器

对于化学武器曾经多次签订过世界性的“禁止使用”条约。但是，化学武器从来也没有真正被禁止住。其久禁不止的原因，就在于制造化学武器十分简单，而且成本低、作用大。例如毒剂中的光气就是制药工业的中间体。

1）化学武器系指利用化学毒剂达到杀伤人员、毁坏植物为目的的兵器。现代的化学武器所使用的毒剂有气体、液体和固体。故施放出的毒剂状态，可分为气态、雾态（或烟态）、液滴态和微粉态四种。化学武器的施放方式，有爆炸型、热分散型和布洒型等多种方式。

目前，化学武器的典型毒剂是沙林和 V. X.。

2）化学武器的特征：

①剧毒性：化学武器是以毒剂的毒害作用杀伤人员和牲畜的。与其他武器比较在防御、救护、治疗等方面均有所不同。

②多样性：毒剂有神经性、糜烂性、全身中毒性、失能性、刺激性和窒息性等六种类型。类型不同，中毒途径不同，毒害作用不同，给防御和治疗都带来了一定的复杂性。

③空间流动性：毒剂云团可以在空间流动，如在某地施放了毒剂，它可能在风力的作用下弥散到下风向的一定范围。

④时间持续性：有的毒剂挥发得比较缓慢，持续时间较长。例如沙林在北方地区的冬季施放后，需两昼夜的时间才能挥发到非致伤浓度。

⑤局限性：在大风、大雨、大雪的天气条件下，毒剂的杀伤作用会受到严重的消弱。故在上述天气条件下，敌人使用化学武器的可能性较小。

（2）生物武器

1）生物武器是依靠各种致病性微生物（细菌、立克次体、衣原体和病毒等）以及用细菌所产生的毒素，来杀伤人员和牲畜的武器。其施放手段与化学武器相似，也是多种多样的。

2）生物武器的特征：

①致病性：生物武器致病力强，而且不易及时发现。

②传染性：传染途径多，速度快，污染范围广，危害时间长。一旦发挥作用，就需要花费相当大的力量和时间才能控制住。

③迟缓性：生物武器不能立即杀伤人员（或牲畜）。致病微生物侵入肌体后，需经一段时间才能使人发病。有的需经数小时，有的经数天甚至数十天才能发病。

④局限性：在大风、大雨、强日照、严寒等天气条件下，生物武器的杀伤作用会受到明显的影响。与化学武器相似，上述天气条件下敌人使用的可能性较小。

（3）对化学武器、生物武器的主要防护措施

化学武器、生物武器和放射性沾染虽属三种不同性质的杀伤武器，但它们具有一个共同点，即都必须进入室内，才能对人员发挥其杀伤作用。所以，对这三种杀伤武器（或因素）的防护，可以采用相近的工程防护措施来处理。

1）应使人防工程内部形成一个完整的密闭区：①人防围护结构要满足密闭要求；②战时出入口设置密闭门；③通风口设置密闭阀门；④给排水口设置密闭阀门或水封措施。

2）战时在隔绝防护时间内，为了能给室内人员提供起码的生存条件，人防工程主体内部应具有足够的人员生存空间。

3）在室外染毒情况下，能给室内人员提供必要的新风，在进风系统中设置滤毒通风设施。

4）在室外染毒条件下，使人员能够进出人防工程，在其主要出入口设置防毒通道和洗消间（或简易洗消间）。

2.2.3 常规武器

人防工程所抵御的常规武器主要有：①炮弹，如榴弹炮、迫击炮、加农炮等发射的各种炮弹；②飞机投掷的各种航（炸）弹；③常规弹头的导弹。

（1）炮弹

炮弹通常由弹丸、引信、发射药、药筒和底火组成，产生杀伤破坏作用的部分是弹丸，按照对目标的破坏作用，弹丸分为杀伤弹、爆破弹、杀伤爆破弹等。

炮弹的区分，无论美国还是俄罗斯均以弹径加弹种加以区分，如俄 122mm 爆破弹、美 155mm 穿甲弹等。

（2）炸弹

炸弹是航空炸弹的简称，它是由飞机或其他航空器上投掷的爆炸性武器。航弹的等级是以它的名义重量来标志，俄军的航弹级别以“kg（公斤）”表示，例如 500kg 爆破弹，其实际全重为 478kg；美军是以“lb（磅）”表示，例如 2000lb 低阻式爆破弹实际重量为 1015kg。

现代空袭所使用的炸弹，由于广泛采用了高新技术，性能得到了极大提高。一是命中精度高。“联合直接攻击弹药”加装末端制导后圆周概率偏差为 3m，钻地激光制导炸弹的圆周概率偏差则小于 3m。二是杀伤力大。美军研制的“宝石路”型激光制导钻地炸弹能够击穿 30m 厚的土层或 6～9m 厚的混凝土，美国轰炸我驻南使馆所使用的“联合直接攻击弹药”，穿透了 5 层楼钻进地下室爆炸。三是破坏机理多样。为满足打击不同性质目标的需要，炸弹的破坏机理也各不相同，并呈现出多样性。有的是靠爆炸所产生的作用直接杀伤人员、破坏设施；有的是软杀伤，如石墨炸弹破坏电力设施，电磁脉冲炸弹破坏电子系统；有的是直接杀伤与间接杀伤相结合，如贫铀炸弹，既有极强的直接杀伤力，又能破坏生态环境。四是附带危害大。集束炸弹、贫铀炸弹和石墨炸弹等，不仅具有直接杀伤破坏作用，而且使用这些炸弹所造成附带危害特别大。科索沃战争中，北约空袭南联盟投下了 25t 贫铀炸弹，其爆炸后放射性污染所造成的生态灾难超出前苏联切尔诺贝利核电站事故。

从近期局部战争实践看，炸弹的使用主要有以下几个特点：一是制导炸弹的使用比例大幅度提高。据北约称，科索沃战争期间，其使用的精确制导弹药占总数的 35% 以上，其中战争初期高达 98%。二是根据目标性质选用不同的弹种。空袭中往往根据目标特性和预期破坏指标，选用不同的弹种，增强破坏效果，增大被空袭方的防护难度。三是多机种投射。随着炸弹性能的不断改进对挂载机种通用性增强，许多炸弹同时适用于多种类型的作战飞机投送。如“宝石路”激光制导炸弹，可用于美军现役所有战斗机和攻击机。下面列举几种炸弹，并简要介绍其性能。

1）MK81/82/83/84（LDGPB）低阻爆破炸弹（见图 2-2）。MK80 低阻炸弹系列是美国海军在 20 世纪 50 年代初为高速飞机外挂投弹研制的杀爆型航空炸弹，是美国陆、海、空三军广泛装备使用的航空炸弹，同时也是现有各种减速炸弹和制导炸弹改进发展的基本弹型。

图 2-2　MK80 系列低阻炸弹

MK80 低阻炸弹系列的主要特点是长细比在 8 以上，弹体细长，弹道性能好，是航空炸弹发展中的一个飞跃。同时，由于其气动外形由高阻力发展为低阻力，使航空炸弹得以由作战飞机炸弹舱内挂方式发展为外挂方式，从而进一步扩大了航空炸弹的使用范围，为战术攻击飞机实施高速突防轰炸，提供了适宜的进攻武器。此外，在该系列基础上，改进发展了各种减速炸弹和制导炸弹，前者特别适宜于战术攻击飞机实施高速、低空突防轰炸，尤其是超低空水平轰炸，后者则为战术攻击飞机提供精确对地攻击能力，同时又能大量有效地利用库存炸弹，使该系列炸弹的作战效费比达到很高水平。

MK80 低阻炸弹系列经过历次战争的考验，不断改进发展，除 MK81/82/83/84 四种型号外，在 20 世纪 80 年代还发展了 BLU－110/B 和 BLU－111/B 两种型号，分别是 MK82 和 MK83 装填新的 PBXN 低感度炸弹的改进型。

MK81 弹重 250lb、MK82 弹重 500lb、MK83 弹重 1000lb、MK84 弹重 2000lb，引信可安装在头部或尾部或头尾两用引信。

2）“宝石路”激光制导炸弹。“宝石路”是美国在 MK80 系列标准炸弹的基础上加装激光制导系统和弹翼而成的一种激光制导武器。主要型号有“宝石路”Ⅰ、Ⅱ、Ⅲ型。该弹制导能力强，可在低能见度下，截获较远距离的激光能量，可在防空火力圈外投放。海湾战争中，美军大量使用该弹，命中率达 85% 以上，为瘫痪伊军防空体系，杀伤消耗其有生力量起到了重要作用。目前，世界很多国家和地区拥有该种炸弹，我国台湾也从美国引进了这种炸弹。

GBU－28（见图 2-3）属于美国“宝石路”Ⅲ激光制导炸弹系列。弹体分为三大部分：制导舱、战斗部舱、尾舱。其中，制导舱主要由激光导引头、探测器、计算机等组成。它和尾舱中的控制尾翼一起，共同控制炸弹命中目标。GBU－28 全重达 2.3t，最大直径约 440mm，长约 5.84m，炸弹内装填了 306kg 高爆炸药。GBU-28 有智能化的引信，引信的核心部件是微型固态加速计，该加速计可随时将炸弹钻地过程中的有关数值与内装程序进行比较，以确定钻地深度。当炸弹碰到地下掩体时，会自动记录穿过的掩体层数，直到到达指定掩体层后才会爆炸。GBU－28 能钻入地下 6m 深的加固混凝土建筑物或 30m 深的地下土层。

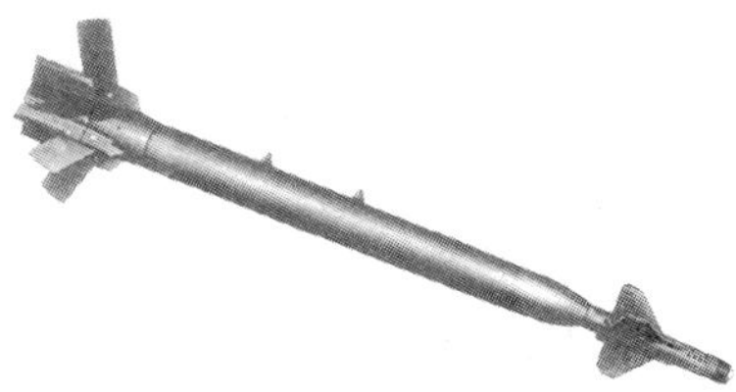

图 2-3　GBU－28 激光制导炸弹

3）BLU－118B“温压弹”。BLU－118B“温压弹”（也称为“热压”炸弹）是美国“9·11”恐怖事件后加速研制生产并突击完成的，一种专门对付地下掩体等建筑物的炸弹。这种炸弹运用的是先进的油气炸药原理。弹头里的炸药在撞击目标后以气雾形式扩散并燃烧，迅速形成一股高压爆炸波，摧毁目标。它是一种有效压制碉堡和建筑物的武器，能够“在开阔地、战壕、地面防御工事、碉堡、掩体和各类建筑中有效地压制敌方的人员和火力”。

“温压弹”个头虽小，却能产生很强的爆炸波和热力。1.9kg“温压弹”在开阔地的有效打击半径可达 10m。该炸弹引爆后，洞内的氧气被迅速耗尽，爆炸带来的高温高压冲击波席卷洞穴，彻底消灭洞内人员，使山洞里面的人窒息而死，而爆炸产生的碎片却不会封住洞口，也不会使洞穴或隧道坍塌。有了这种炸弹，美军就能“摧毁隧道里面的东西而不会使洞口坍塌”，可以“杀死隧道里的人并且搞清杀死的是谁”。

4）AGM－154 联合防区外武器（JSOW）（如图 2-4）。AGM-154 是美国研制的一种集束炸弹，采用“惯性＋全球定位”制导，具有全天候打击能力。弹重 453～681kg，弹长 4.06m，发射距离为 27.78km（低空）和 74km（高空）。发射平台包括 B—1B、B—2A、B—52H 战略轰炸机和 F—15、F—16、F—117A 战斗机等。曾在“沙漠之狐”行动中首次使用，对机场等较大的目标具有相当大的威胁。

图 2-4 AGM－154

图 2-5 石墨炸弹

5）BLU－114/B 石墨炸弹（见图 2-5）。石墨炸弹又名软炸弹（Soft Bomb），因其不以杀伤敌方兵员为目的而得名。又因其对供电系统的强大破坏力而被称为断电炸弹（Blackout Bomb）。

BLU－114/B 是美国研制的一种以破坏电力系统为主的新式炸弹，该弹由两部分组成：SUU－66/B 型战术弹药撒布器和 BLU－144/B 型子弹药，后者是它的核心组成部分，长 20cm，直径 6cm，内有经化学处理的碳纤维和充气伞。它在目标上空爆炸后释放出大量很细的石墨细丝，一旦附着在变压器或输电线等高压设备上，即可造成短路，从而造成供电中断，对电力设施有极大的危害。科索沃战争中，北约使用该种炸弹对南联盟主要供电系统进行了轰炸，导致南联盟 70% 的电力系统陷于瘫痪。

6）联合制导攻击武器（JDAM）（见图 2-6）。JDAM 是为适应美国空军和海军发展要求而研制的，是一种用美军现存的普通常规炸弹升级发展而来，利用卫星定位系统（GPS）引导的全天候、自动寻地常规炸弹。JDAM 可以从距离目标大约 15km 的地方发射，并各自攻击所指定的目标。科索沃战争中，美机轰炸我驻南联盟大使馆使用的就是这种炸弹。

图 2-6 JDAM

由 MK－80 250lb、MK－81 500lb、MK－83 1000lb 和 MK－84 2000lb 常规炸弹改进而来的 JDAM（联合制导攻击武器）分别编号为 GBU－29、GBU－30、GBU－31 和 GBU－32。

7）贫铀炸弹。贫铀炸弹是以贫铀为主要原料制成的炸弹。贫铀是金属铀中提炼出铀 235 以后的副产品，其主要成分是铀 238，具有一定的放射性，对人体及自然生态环境危害极大。贫铀炸弹以高密度、高强度、高韧性的贫铀合金做弹芯，爆炸时，能产生高温化学反应，可以用来摧毁坚固建筑物和攻击坦克。美军目前生产贫铀炸弹有 4 种口径 8 种型号，最大穿甲厚度可达 800～900mm。海湾战争中，美国在伊拉克使用了 300t 贫铀弹；科索沃战争中，美国动用 A－10 攻击机发射贫铀炸弹，均给当地造成了重大的人员伤亡和难以挽回的生态破坏。

8）BLU－82“滚球”超大型炸弹。BLU－82 真空炸弹绰号“滚球”（DaisyCutler），是一种专门杀伤藏匿在洞穴及建筑物内人员的燃料汽化高爆炸弹，有时也用于为直升机开辟降落场。该炸弹是目前世界上最大的常规炸弹，重达 6804kg，全长 5.37m（包括 1.24m 长的探头引信），竖起来，相当于 3 个 1.79m 男子的身高，直径 1.56m。该炸弹外形短粗，弹体像大铁桶，弹头为圆锥形，前端装有一根钢管，管子的前端装有 M904 型引信。炸弹没有尾翼装置，但装有降落伞系统，以保证炸弹下降时的稳定。

威力如同小型原子弹，BLU－82 是一种云爆弹，战斗部装有 5715kg 的 GSX 浆状炸药。炸药主要成分为硝酸铵、铝粉和聚苯乙烯。当飞机将其投掷出去以后，弹壳里流出液体混合剂，在距地面 30m 处首次爆炸，形成一片雾状云团落向地面；在接近地表的几米处再次引爆，发生爆炸，产生强大冲击波，可杀伤半径 600m 内的人员，在半径 100～270m 范围内，可大量摧毁敌方装备，同时还可形成直径约 150～200m 的真空杀伤区。在这一区域内，由于缺乏氧气，即使潜伏在洞穴内的人也会窒息而死。该炸弹爆炸所产生的巨大回声和闪光还能极大地震撼敌军士气，使藏在山洞里的人丧魂失魄，因此，其心理战效果也十分明显。炸弹的杀伤能力可超过 20 枚“飞毛腿”导弹。国外有人称之为“小型原子弹”。最近美国研制的重达 13610kg 的“炸弹之母”（见图 2-7），其精确制导和爆炸力更是“惊人”。

图 2-7 “炸弹之母”

9）电磁脉冲炸弹（“E—bomb”）。高强度的电磁脉冲原本是核武器在大气层爆炸时产生的一种电磁现象。而电磁脉冲炸弹则是通过一种非核爆炸形式，把普通炸弹的机械能转化成高强度的电磁脉冲能量的一种实际应用。它是一种杀伤破坏力介于常规武器和核武器之间的新型大规模杀伤性炸弹。这种炸弹在目标上方爆炸后，会辐射出高强度的电磁脉冲，能够使半径数十公里内的飞机、雷达、电子计算机、电视机、电话、手机等几乎所有的电子设备无法正常工作，甚至造成难以修复的严重物理损伤。科索沃战争中，美军首次投入实战，使南联盟众多电子设备遭受很大损失。

（3）导弹

导弹，是指装有弹头、动力装置并能制导的空袭弹药，是实施精确打击的重要武器。用于空袭的导弹种类较多，用途也各不相同。按作战任务分，有战略导弹和战术导弹；按射程分类，有近程导弹（射程在1000km以内）、中程导弹（射程1000～3000km）、远程导弹（射程3000～8000km）、洲际导弹（射程在8000km以上）。按飞行弹道分，有弹道导弹和巡航导弹；按发射位置和所攻击的目标分，有地地、地空、地舰、地潜导弹，空地、空空、空舰、空潜导弹，舰地、舰空、舰舰、舰潜导弹，潜地、潜空、潜潜、潜舰导弹。对人防工程的打击主要有地地导弹、潜地导弹和空地导弹。其性能特点综合起来主要有以下几个方面：一是射程远。最远的可达16000km，近的也有几十公里至几百公里。二是精度高。由于采用了先进的制导技术和方式，导弹的命中精度大大提高。美国的“和平卫士”洲际导弹圆周概率偏差为90m；“战斧”巡航导弹圆周概率偏差小于10m。三是威力大。导弹战斗部可装高能炸药、核装药或其他战剂，还可采用多弹头，大装药量，破坏性极强。四是突防能力强。导弹飞行速度快，加之通过采取缩小体积和雷达反射面、采用隐身技术和超低空飞行等措施，突防能力得以大大增强。

导弹的使用也独具特色，主要有：一是防区外投射。由于用于空袭的导弹射程远，发射导弹通常采取防区外投射的方式，可以减小投射平台的受威胁程度。二是投射方式多样。导弹的投射方式有地面发射、地下发射、水下发射、空中发射和机动发射等，采用多种发射方式，可减少发射平台的毁伤，增加空袭的突然性。三是先期使用。空袭开始时，往往利用导弹突防能力强的优点。下面列举几种导弹，并简要介绍其性能。

1）“和平卫士”导弹（见图2-8）。“和平卫士”是美国研制的一种大型固体地地洲际弹道导弹。由4级组成，前3级采用固体火箭发动机，第4级为末助推级，采用液体火箭发动机。弹长21.6m，弹径2.34m，起飞重量86.4t，射程11100km，命中精度为90m。携带装有10个子弹头的分导式多弹头，每个子弹头的威力为50万t梯恩梯当量。该导弹部署在地下发射井内，具有投掷重量大、命中精度高、技术先进等优点。

2）SS－27导弹（见图2-9）。俄罗斯最新一代地对地洲际弹道导弹，又称PC－12M型导弹。它是“白杨”（SS－25）的改进型，是21世纪俄罗斯战略核力量的支柱装备，将替换俄罗斯陆基战略核力量现有的6种导弹。该型导弹为三级固体燃料单弹头式洲际弹道导弹，采用星光惯性制导。弹长22.7m，弹径1.95m，起飞重量47.2t，投掷重量1200kg，爆炸当量55万t梯恩梯，最大射程10500km，命中精度小于90m。部署方式为地下井或公路机动。俄军方称其技术性能和作战效能要比美国现役陆基洲际弹道导弹领先5～8年，可穿透现有任何一种反导弹防御系统。

图2-8 “和平卫士”导弹

图2-9 SS－27导弹

3）BGM－109C“战斧”巡航导弹（见图2-10）。BGM－109C是美国研制的一种小型无人驾驶飞行器，也称“战斧”式巡航导弹。弹全长5.56m，直径0.527m，翼展2.65m，最大巡航速度0.7Mach，有效射程1112～1297km，最大巡航高度7.6～152m，制导方式为地形匹配辅助惯导系统，可以由潜艇、舰艇或飞机发射，动力装置为涡轮风扇发动机＋固体火箭助推器，投掷重量454kg，命中精度小于10m。该弹开始飞行是在高空，一旦接近预定目标上空，导弹飞行高度立即降低至雷达盲区以避开雷达跟踪，飞行高度一般控制在20m，丘陵地带为50m，当导弹到达目标上空进入攻击时，高度一般小于20m。海湾战争中，美军共发射了288枚这种导弹，摧毁了伊方大量点状坚固目标和面状目标。科索沃战争中，这种导弹又显示了较高的作战效能，打击了南联盟具有战略意义的重要目标。

图2-10 BGM－109C巡航导弹

4）AGM－86C常规空射巡航导弹（见图2-11）。AGM－86C是美国AGM系列导弹之一，由B－52战略轰炸机从敌防空火力圈外发射，攻击纵深战略目标。弹长6.23m，弹重1306kg，高爆/破片战斗部重450kg，制导方式为惯性加GPS制导，射程1500km，巡航高度15～100m，巡航速度0.7Mach，最大速度0.9Mach，命中精度10m。科索沃战争中，该导弹作为防区外发射的重要机载武器，在对南联盟一些重要基础设施空袭中发挥了重要作用。

图2-11 AGM－86C导弹

5）AGM－130导弹（见图2-12）。AGM－130是美国研制的一种空地导弹。弹径460mm，弹重1323kg，制导方式为电视或红外成像+双数据传输装置制导，具有远程防区外发射和发射后不用管的能力。最大射程45km，命中精度1m，最大速度1.6Mach，使用高度9150m，触发引信，战斗部为单一式爆破穿甲炸弹或子母弹。载机为F—111、F—4、F—15、F—16和F—10战斗机等。在美英对伊拉克的空袭中，美国空军第一次在实战中使用了该导弹；科索沃战争中，该弹加装可编程触发引信，具有识别所侵彻材料类型、墙壁和空间、加固的地下掩护性屏障的能力，北约使用该弹空袭了南联盟多个机库等重要目标。

图2-12　AGM－130导弹

6）“飞毛腿”导弹（见图2-13）。飞毛腿是前苏联研制的一种地地战术导弹。主要用于打击地面固定目标。弹长11.6m，弹径0.88m，射程300～350km，命中精度300m。采用头体分离、车载越野机动发射方式，是一种具有高度机动性能的武器系统。全套武器系统由导弹和地面设备组成。导弹战斗部装药为高能炸药，也可装核装药或生化战剂，制导方式为惯性制导。“飞毛腿”导弹因在海湾战争中被伊拉克多次使用而名声较大。

7）青蜂导弹（见图2-14）。青蜂导弹是台湾参照美国的“长矛”导弹设计的一种地地导弹。弹长6m，弹径0.6m，翼展1.625m，全重2549kg，弹头重450kg，发射重量1500kg，动力装置为可贮液体推进剂+火箭发动机，最大射程130km，有效射程60km，最大速度0.9Mach，制导方式为惯性和主动雷达制导，弹头为常规高爆弹头，命中精度150～300m，发射方式为固定阵地发射。

图2-13　“飞毛腿”导弹

图2-14　青蜂导弹

从近几场高技术局部战争来看，人防（民防）工程一般不是敌方打击的重点对象，但是某些重要的人防工程仍然需要保持一定的抵抗常规武器的能力。因此从我国建设人防工程的实际出发，将结构抵抗常规武器打击的防护抗力等级按直接命中和非直接命中分为两大类，具体的抗力级别见《人防工程战术技术要求》。

2.2.4 信息化武器装备发展的趋势

透视世界范围发生的近几场局部战争，不难看到信息化武器装备在充分显示其巨大潜能的同时，已呈现出一体化、智能化和隐形化等一些新走势。

(1)“一体化”建设紧锣密鼓

以往，评价一支军队是否“现代化”，往往是以这支军队拥有多少飞机、坦克、火炮和军舰等武器装备来衡量。而如今，评价标准则是这支军队武器装备体系的整体能力，单件武器装备和单个战斗单元是否能够实现一体化，是否具有系统的通用性和联动性。20 世纪 90 年代以来，美国国防部制定了一系列国防科学发展战略和科学技术计划，把武器装备“一体化”摆到战略层次，给予最优先的发展。据报道，目前，美军第一代装备已全部淘汰，第三代装备的比例，海军达 90% 以上，陆军达 52%，第四代、第五代装备也在积极发展之中，预计 2020 年前后主战武器装备将全部实现“一体化”。此外，俄罗斯已把研究自己的“一体化”武器装备，作为武装力量建设特别优先的任务；英、法、德、意等国也以发展武器装备“一体化”为契机，全面提高北约成员国的信息作战能力；印度则准备走机械化与信息化相结合的“复合式”发展道路。

(2)“集成化”凸显作战效能

利用横向一体化技术，将分立的武器装备或系统连接成一个新的更高层次的系统，可以大大提高现有武器装备群的信息化能力，这已成为当代武器装备“一体化”发展的新趋势。阿富汗战争中，美军整个作战体系经由 C4ISR 的联结实现了高度一体化。作战中美军采用 LINK－16 等数据链技术，将 RQ－1“捕食者”无人机、RC－135V/W 电子侦察机、U－2 高空侦察机、E－8“联合星”飞机和 RQ－4“全球鹰”无人机联系起来，实现了战场信息的互通与共享，从而提高了打击的灵活性和准确性。伊拉克战争中，美军参战飞机都加装了“快速情报接收系统”，约 2/3 的飞机起飞是在空中接收实时的目标情报并发起攻击，从而实现了真正意义上的“发现即摧毁”。

(3)“嵌入式”改造激活主战武器

在以往的作战中，传统主战武器主要是通过改进自身的机动速度、火力强度和装甲能力等机械性能来提高作战能力。而当代信息技术等高技术的发展及其在武器装备制造和改进中的应用，使得传统主战武器的作战性能产生了质的飞跃，其作战能力的提高已不仅仅依赖于机械性能的提高，而是转为目标搜索与识别、反应速度、对目标精确定位和打击等方面能力的全面提高。在伊拉克战场，美军原有坦克、装甲战车、大口径火炮、作战飞机、直升机和舰船等主战武器装备，由于加装了数字化通信设备、先进雷达、敌我识别装置和全球定位系统等，使作战效能倍增。B－52、F－15、F/A－18 等轰炸机和战斗机，由于安装了目标数据实时接收和修正系统，使实施远距离精确打击“游刃有余”。由波音－707 客机改装而成的 E－8C 联合监视和目标攻击雷达系统，使战场探测面积倍增，能够在白天、夜间甚至能见度不良的情况下提供敌军移动目标的信息。

（4）“信息化”牵动“多元化”需求

近年来，西方一些军事大国在武器装备的研究和开发上，提出了“以理论为依据的需求体制”，改变了过去“有什么武器打什么仗”为现在“打什么仗发展什么武器”。

信息化弹药花样翻新。从海湾战争到伊拉克战争的短短10余年内，以红外、激光、卫星定位等为代表的先进制导技术迅猛发展，促进了精确制导武器的异军突起，其战场使用率由8%迅速上升至90%以上。

电子战武器系统层出不穷。目前，多平台综合、多功能综合和多频段综合的电子战平台系统空前崛起。红外光电对抗、反辐射武器等电子对抗系统的更新和发展，使战场电子对抗与反对抗趋于白热化，其“软杀伤”能力已朝着宽频带、多目标、高能量、大功率和多平台方向发展。

电磁脉冲武器能力不凡。电磁脉冲武器是一种能在短时间内产生极强电磁波的信息战武器，其所释放的能量远远超过自然雷电释放的电磁脉冲波，它对信息化武器装备系统和信息网络的破坏作用巨大。目前投入使用的电磁脉冲武器主要有通量压缩发生器、磁流体动力学发生器和高能量微波发生器等，作用半径可达上千米，能量已达到1万兆瓦级。

新机理信息作战武器跃跃欲试。正在研发中的新机理武器主要包括：计算机病毒武器、黑客进攻武器、人工智能和思维控制武器等。目前，网络探测和网络侦听系统、网络软杀伤攻击系统和网络硬杀伤武器正在研究开发中。

反卫星作战武器将登上舞台。所谓反卫星武器，是一种对外层空间敌方目标实施硬杀伤的信息武器装备，它的应用成为争夺“制太空权”、保证信息战争取得胜利的重要条件。反卫星作战武器主要包括：反卫星卫星、反卫星导弹、定向反卫星电子战武器、卫星干扰器、激光武器等。

太空攻击武器咄咄逼人。组建航天部队，发展空间力量，运用太空攻击武器攻击军用卫星、太空武器系统、弹道导弹和地球表面的重要战略目标，是当今世界各军事强国重点建设和发展的领域。主要包括部分轨道轰炸机、天基武器系统等。

隐形武器装备性能更强。当前，世界各国更加重视发展隐形技术，在结构隐形、材料隐形和辐射噪声隐形方面有了新的突破和发展。随着隐形技术、纳米技术、基因技术的发展与应用，在未来战场武器装备将真正实现“来无影，去无踪”。

（5）智能化技术空前发展

信息化武器装备发展的最终结果，必将建立起高度可控的新型智能系统，并将极大地提高武器装备的作战效能。随着计算机及其智能技术向武器装备中渗透，使得越来越多的武器装备具备了高度智能化的特征。

制导武器智能化。未来战场环境异常复杂，精确制导武器要在很短时间内完成对目标的发现和摧毁，并做到首发命中击毁目标，仅靠人工引导是难以实现的，必须使制导武器具有“智能化”。与精确制导武器相比，智能化制导武器是一种“会思考”的武器系统，可以“有意识”地自主搜索、发现、识别、攻击高价值目标的能力，还能够区分真假目标及其型号，筛选、判断和有选择地攻击敌方目标的薄弱环节和易损部位，选择命中点，达到“命中即杀伤”。据有关统计分析，装有智能系统的制导武器，在战场条件不变的情况下，弹药的命中精度可提高3倍。据称，在伊拉克战争中，美英联军所用的炸弹90%都是所谓的“智能炸弹”。

无人作战系统智能化。现代战场，具有智能化和独立战斗能力的无人作战系统，可以替代人的进攻与防御。目前，智能化无人作战系统从微型无人机到无人作战飞机、无人作战坦克、无人潜艇、无人作战“单兵”等等，可谓种类齐全，备受世界兵家青睐。据国外报道，美国列入研制计划的智能化军用机器人已超过 100 种，俄罗斯列入研制计划的智能化军用机器人也超过 30 种。

模拟系统智能化。模拟系统是在人工智能技术基础上形成的具有大量专门知识与经验的计算机程序系统。该系统利用电子计算机模拟人类的学习与推理、问题求解、环境适应和辅助决策等，可以对输入的原始知识信息进行推理并做出判断和决策，可用来对战场自动进行态势评估、武器分配、辅助决策等。智能模拟系统一经应用就展示了诱人的前景，例如在常规训练中，一枚地空导弹的实弹发射费用超过了 100 万美元，而智能模拟训练发射“导弹”费用可以忽略不计。飞行员在战斗前，先在合成环境中演练，熟悉预定飞行线路以及作战目标的特性，使空军只需出动原定飞行架次的 50% 就可以摧毁预定目标，大大提高了空袭效果。

（6）从渐进式走向跨越式

纵观世界信息作战武器装备发展历程，由于各国国情军情不同，其发展也各有不同，但大致有两种典型模式：渐进式和跨越式。主要是通过自主研制、外购和挖潜改造等途径，提升武器装备整体的信息化水平。

自主研制。以美、俄为代表的军事技术先进、军事工业基础强大的国家，依托国家科技基础平台发展，坚持依靠科技全面推进军事力量的发展，把军用和民用技术力量集中起来重点攻关，实现信息技术和资源的交叉融合与重新组合，以确保其军事大国地位。

以外购为主。是一种渐进式发展模式，主要是从发达国家引进成套军事装备和技术，以满足本国军事需求。这种军事装备发展模式的最大优势，是形成战斗力快，能在短时间内缩短与发达国家的差距，具有省钱、省力、省事、高效的特征，其最大缺陷是永远无法超越竞争对手。

研制与外购结合。世界上多数国家发展和更新武器装备目前大都采用该模式。尤其是适用于那些既有一定军事工业基础和一定经济实力，但军事技术特别是尖端技术不占优势的国家。

挖潜改造。对转型期内的传统武器装备，在国家统一规划下，依据军事需求，运用新知识和新技术、新工艺，改善武器装备的性能，实现信息技术和主战武器的融合与重组，以较少的经费投入和快捷的方法迅速提高武器装备的信息化水平。

“工欲善其事，必先利其器”。伴随百舸争流的军事变革大潮，大量武器装备新概念、新设计思想不断提出，大批信息化武器装备不断发展和成熟，必将对未来战争产生不可估量的作用和影响。

2.3 信息化战争条件下人防工程建设的对策

人防工程是用以保护人员和物资免受核、化学、生物武器和精确制导常规武器的破坏的工程建筑物。应对信息化战争可能带来的高强度直接打击，必须采取有效措施，免受和减轻破坏，以达到保存战争潜力的目的。

2.3.1 提高工程抗毁能力

一是应该注重人防工程建设，保证战时能将人员物资，特别是重要装备和设备及时快速转入地下；二是要引入新技术成果，提高防护工程建设标准，增加工程防护层的厚度和硬度，增强土地覆盖层的厚度；三是应急加固，重要经济目标，除战前疏散外，对于不易搬迁和必须坚持生产、科研的目标采取加固措施，提高其抗毁能力。

2.3.2 结合地下空间开发利用，完善地下防护空间网络

（1）地下空间具有天然的防护能力

地下空间一般都具有良好的抗爆性能，主要是由地下空间周围的岩土介质发挥了重要的消波作用。对于核爆而言，空气冲击波遇到地面建筑时，在其迎爆面将会形成比入射超压提高 2 ~8 倍的反射压力峰值；但对地下结构而言，经过一定深度的覆盖层后，冲击波的动荷效应已经被大大减弱了。与此同时，岩土在覆盖层对核爆炸的光辐射、早期核辐射、放射性沾染等杀伤因素都具有突出的屏蔽效能，例如 0.5m 厚的混凝土可以使中子数量减少到 1%，1.5m 的土层可使 γ 射线剂量降低到 1‰，放射性沾染物更被阻挡在岩土覆盖层的表面，从而使上述几种因素对地下工事内的人员不能再产生杀伤作用。

在常规战争条件下，除专为防空袭而构筑的各类人防工程之外，其他地下建筑，如地下铁道、地下高速公路等其他地下设施，都不同程度地具有抗航、炮弹爆炸的能力。这些地下结构的顶部均有不同厚度的土（岩）防护层，除可有效防护爆炸冲击波和破片的作用之外，还在一定程度上具备了抗航弹侵彻作用的能力，防护层愈厚，抗侵彻能力愈强。

（2）地下防护空间网络离不开普通地下空间

目前我国人防工程数量严重不足，而且分布相对独立、分散，单靠人防工程建设是难以形成地下防护空间网络的。可利用的地下空间与人防工程结合在一起，弥补了现阶段人防工程的不足，也只有这样才能将人防工程连接起来，形成一个相互连通的地下防护空间，战时可以最大限度地发挥出各种工程的防护优势，提高整体防护效能，平时也可以通过合理开发和建设，发挥平时的经济效益。

2.3.3 改造早期工事

早期工事多为坑道式或地道式工程。坑道式工程大多依山建设，土地和岩石覆盖层较厚，可以有效防护精确制导武器的袭击。因此，可以分批次，有重点地加以改造，成为达到一定标准的等级防护工程。同时，山地较多的城市，应有计划地结合隧道工程建设一批互相连通的人防工程。

2.3.4 采用高新伪装技术

伪装迷彩就是利用各种技术措施隐真示假，以提高工程的生存能力。

（1）迷彩伪装技术

迷彩伪装就是利用涂料、染料等改变、遮蔽目标的颜色及图案，以消除和减少目标和背景之间的差异。迷彩伪装又可细分为保护迷彩、变形迷彩和伪造迷彩。这种伪装可有效防止可见光探测，也可防止紫外、近红外探测。

（2）植物伪装技术

植物伪装技术就是利用种植植物，采集植物和改变植物颜色等方法对目标进行伪装的技术。

（3）假目标伪装技术

假目标伪装技术是指利用伪造的具体形体目标，这些假目标可以模拟红外辐射和反射雷达波，给敌人的侦察器材和制导武器以假象，吸引敌人的注意力和火力，保护自己的真实目标。

（4）烟雾伪装技术

烟雾伪装就是通过释放各种烟雾来遮蔽目标，迷惑敌人。烟雾伪装的主要技术设备是激光宽波段烟幕发射装置。

（5）灯火与音响伪装技术

灯火与音响伪装技术主要是通过消除、降低或模仿目标的灯火与音响暴露特征，以隐蔽目标或迷惑敌人。灯火伪装是在夜间消除、降低或模拟目标的发光暴露征候，以隐蔽目标或迷惑敌人。音响伪装则是消除、降低或模拟目标的音响暴露征候，以隐蔽目标或迷惑敌人。

2.3.5 加强电磁脉冲防护

人防工程实施电磁脉冲防护的主要思路为：针对电磁脉冲对敏感设备及系统的各种耦合途径，通过对电磁脉冲能量的反射、吸收、隔离和泄放，使其衰减到不会影响设备及系统正常工作的程度。除了尽量利用大地岩土介质和工程的被覆层对电磁脉冲的衰减以外，常用的防护手段主要有屏蔽、接地、泄流、限幅、滤波和光隔离。

屏蔽作为一种常用的电磁防护手段在电磁脉冲防护设计中占有重要地位。然而，由于电磁脉冲的频谱极为丰富，在计算电磁脉冲屏蔽效能时，不能随便套用计算单一频率正弦电磁场屏蔽效能的公式。在某一频率上测得的屏蔽效能也不能代表对电磁脉冲场的屏蔽效能。仅为微米量级的没有任何孔洞缝隙的无限大连续金属板，对 HEMP 的屏蔽效能就很可观。然而屏蔽体上的孔、缝是难以避免的，电磁脉冲模拟试验的有关数据说明，屏蔽体上的孔、缝对电磁脉冲屏蔽性能的影响十分显著，特别是屏蔽体上孔洞一旦有长导体贯通，屏蔽室的屏蔽效能将会严重丧失。另外，虽然试验结果表明钢板、白铁皮、钢板网、钢筋混凝土层等常用建材对电磁脉冲均有一定屏蔽效能，但不作专门设计，难以发挥其屏蔽作用。可见电磁脉冲屏蔽技术涉及面宽，内容丰富。

接地是实施电磁脉冲防护的另一项重要措施。脉冲电流经接地体在大地中散流时，具有不同于工频散流的许多特性。一般情况下，接地体的波阻抗大于工频电阻。这在作电磁脉冲接地防护设计时，必须予以考虑。减小接地体的电感和增大电容，可减小接地体的波阻抗和缩短冲击阻抗达到工频电阻的时间。采用辐射式水平接地体，充分利用各种自然接地条件，都是减小接地电阻，改善接地体冲击特性的技术措施。

由于电子、电气设备的运行均离不开供电，因而供电系统的电磁脉冲防护问题尤为重要。HEMP 在架空输电线上可产生峰值达几十万到几百万伏的脉冲过电压，故在考虑市电供电系统对核电磁脉冲的防护措施时，应以来自架空线的 HEMP 耦合产生的过电压作为主要防护对象。对于配电变压器（常用 10/0.4kV）的高压侧和低压侧、供电系统的二次设备等均需采取对 HEMP 过电压的防护措施。根据 HEMP 过电压的特点与危害，安装避雷器、串联电抗线圈和并联电容器对 HEMP 过电压都能起到一定的防护作用。在选用防护措施时还应兼顾防雷要求。

除上述防护技术外，针对地下工程口部和金属管道对电磁脉冲能量的耦合问题，亦需采用相应的电磁脉冲防护措施。

2.3.6 重视经济目标防护

伊拉克战争中，美英联军运用精确制导武器，不仅轰炸军事目标，摧毁伊拉克的作战指挥系统，同时，又高强度轰炸桥梁等重要经济目标。对此，我们应引起高度重视。目前，我国许多重要基础设施建设，只考虑平时利用，没有或者很少考虑遭袭击时的防护问题。城市建设主管部门应树立战备意识，统一规划，分部实施，建设平战结合的基础设施。平时在经济建设中能发挥基础性作用，保证国民经济的正常运转，一旦爆发战争，又具有防护功能，能为战争所需。我们在建设交通基础设施时，应考虑地下交叉或地上、地下通道并用代替地面多层立交；用越江隧道代替大江、大河上的众多大桥；用地下交通网代替地上交通网；用地下通信光缆代替地上通信光缆；用地下管道中的输电线路代替地上输电线路；用地下油库代替地上贮油罐；用分散配置的小型交通枢纽代替大型交通枢纽；用分散交通网代替紧密交通网等等，这样做不仅可有效提高交通设施的防护能力，而且可以有效避免这些目标被破坏后造成的交通堵塞、空气污染等次生效应。因此，将重要经济目标的防护寓于平时的建设中，不仅行之有效，而且效费比好。而“先建后防”不仅效费比差，而且有时会造成严重后果，难以有效防护。

2.3.7 加强人防信息化建设

人防部门是人防工程建设的主管部门。加强人防信息化建设，是应对信息化战争，搞好工程防护的重大措施。人防部门应高度重视信息化建设，注重信息化人才的培养，多渠道吸纳计算机网络人才和软件应用开发等专门人才，加速建设一支高素质的信息化人才队伍。应统一规划，从国家人防办到各地人防办，分级形成一个完整的层级链体系，达到系统、要素、结构、层次的最佳组合。通过信息化建设，实现指挥、控制、通信、空情、警报、监视系统的一体化，利用网络将信息系统与人防指挥所、专业队工程、人员掩蔽工程和其他指挥对象、重要防护目标连成一体，一旦战争来临，就能快速、及时、有效地组织高技术条件下的人民防空行动，实施工程防护。

3 人防工程的组成、分类和分级

3.1 人防工程的组成

人防工程多处于地下且均有防护要求，因此它的各个组成部分各有特点，有些还用专门的术语命名。按作用，人防工程可分解为结构、防护层、防护设备、建筑设备、建筑装修等；按有效空间的防护功能，人防工程可分解为主体和口部；按有效空间的防毒能力，它可分解为密闭区和非密闭区。

3.1.1 结构

能使建筑成形并能承载的构件或加固的围岩连成的组合体称为结构。按使用的主要材料分为钢筋混凝土结构、木结构、钢结构、钢丝网水泥结构等。按施工方法，钢筋混凝土结构分为整体式结构、装配式结构和整体装配式结构。全部采用现浇混凝土的称整体式结构；全部采用预制构件组装的称装配式结构；采用预制构件与现浇混凝土相结合的称整体装配式结构。按防护功能分为防护结构和非防护结构。具有抵御预定武器破坏功能的结构称防护结构，没有这种功能的称非防护结构。

3.1.2 防护层

结构上方能起防护作用的岩、土或其他覆盖材料称为防护层。

按成因分为人工防护层和自然防护层。结构施工后回填或设置的称人工防护层；施工过程中未被扰动的称自然防护层。由回填土等单一材料构成的人工防护层称单层式防护层；设有遮弹层从而使结构不承受局部破坏作用的人工防护层称成层式防护层。按作用原理遮弹层分为被动遮弹层和主动遮弹层，只靠阻挡弹头侵彻来遮弹的称被动遮弹层，如混凝土、块石等。在弹头接触的瞬间能产生破坏弹头作用的遮弹层称主动遮弹层。能使结构和内部人员不受预定武器影响的自然防护层称为安全防护层，其最小厚度称最小安全防护层厚度（h_w）。在安全防护层下的结构属于非防护结构。抗炮弹、炸弹和抗冲击波的最小安全防护层厚度见表3-1、表3-2。

表3-1 抗炮弹、炸弹最小安全防护层厚度概略值（m）

弹　　种	围岩类别			
	Ⅴ以下	$Ⅲ_2$ ~ Ⅳ	Ⅱ ~ $Ⅲ_2$	Ⅰ
4000 lb 航爆弹		16.21	15.91	15.03
2000 lb 航爆弹		12.37	12.18	11.48
1000 lb 航爆弹		9.81	9.64	9.11
750 lb 航爆弹	13.2	8.60	8.45	8.00

续表 3-1

弹　种	围岩类别			
	Ⅴ以下	$Ⅲ_2$ ~ Ⅳ	Ⅱ ~ $Ⅲ_2$	Ⅰ
500 lb 航爆弹	12.1	7.72	7.58	7.17
250 lb 航爆弹		6.01	5.91	5.61
3000kg 航爆弹		15.49	15.22	14.39
1500kg 航爆弹		12.81	11.96	11.31
500kg 航爆弹	12.4	8.10	7.97	7.53
250kg 航爆弹	10.4	6.40	6.27	5.92
2000 lb 航半穿弹		20.26	17.51	12.98
1000 lb 航半穿弹		16.45	14.29	11.76
1000 lb 低阻航爆弹		14.90	10.74	10.30
1500kg 航半穿弹		26.91	22.52	18.27
500kg 航半穿弹		14.83	12.85	10.61
203mm 爆破弹		3.36	3.30	3.24
175mm 爆破弹		3.38	3.32	3.26
155mm 爆破弹	8	2.99	2.93	2.88
105mm 爆破弹	5.5			
152mm 爆破弹	8.5	2.53	2.49	2.44
130mm 爆破弹		2.01	1.98	1.94
122mm 爆破弹	6.5	1.95	1.92	1.88

注：同时应满足：Ⅴ类时，$h_w > 2.5 l_m$；$Ⅲ_2$ ~ Ⅳ类时，$h_w >$ （1 ~ 1.5）l_m；Ⅱ ~ $Ⅲ_1$ 类时，$h_w >$ （0.5 ~ 1）l_m，l_m 为毛洞跨度。

表 3-2　抗冲击波的最小安全防护层厚度

岩石的最小安全防护层厚度						
岩石分类	地面超压（MPa）	毛洞跨度 l_m（m）				
		2.5	3.5	4.5	5.5	6.5
Ⅰ	0.3	0.5	0.7	0.8	1.0	1.2
	0.6	0.6	1.6	1.8	2.3	2.6

续表 3-2

<table>
<tr><td colspan="7">岩石的最小安全防护层厚度</td></tr>
<tr><td rowspan="2">岩石分类</td><td rowspan="2">地面超压（MPa）</td><td colspan="5">毛洞跨度 l_m（m）</td></tr>
<tr><td>2.5</td><td>3.5</td><td>4.5</td><td>5.5</td><td>6.5</td></tr>
<tr><td rowspan="2">Ⅱ</td><td>0.3</td><td>0.8</td><td>1.0</td><td>1.2</td><td>1.5</td><td>1.7</td></tr>
<tr><td>0.6</td><td>1.0</td><td>1.7</td><td>1.8</td><td>2.3</td><td>2.7</td></tr>
<tr><td rowspan="2">Ⅲ</td><td>0.3</td><td>1.2</td><td>1.6</td><td>2.0</td><td>2.3</td><td>2.6</td></tr>
<tr><td>0.6</td><td>1.3</td><td>1.8</td><td>2.2</td><td>2.7</td><td>3.0</td></tr>
<tr><td rowspan="2">Ⅳ</td><td>0.3</td><td>2.7</td><td>3.5</td><td>4.2</td><td>4.9</td><td>5.0</td></tr>
<tr><td>0.6</td><td>3.0</td><td>3.8</td><td>4.6</td><td>5.2</td><td>6.0</td></tr>
<tr><td colspan="7">土壤最小安全防护层厚度</td></tr>
<tr><td colspan="2" rowspan="2">土壤类别</td><td colspan="4">地面超压（MPa）</td><td rowspan="2">毛洞跨度 l_m（m）</td></tr>
<tr><td>0.1</td><td>0.2</td><td>0.3</td><td>0.6</td></tr>
<tr><td colspan="2">碎石土</td><td>$1.7l_m$</td><td>$2.5l_m$</td><td>$3.1l_m$</td><td>$5.2l_m$</td><td>≤6.0</td></tr>
<tr><td colspan="2">黏土（坚硬、硬塑）</td><td>$3.7l_m$</td><td>$4.6l_m$</td><td>$5.5l_m$</td><td>$8.0l_m$</td><td>2.5～5.0</td></tr>
<tr><td colspan="2">粉质黏土（坚硬、硬塑）</td><td>$5.5l_m$</td><td></td><td></td><td></td><td>≤3.5</td></tr>
</table>

3.1.3 建筑设备

保障建筑有效空间达到预定环境标准所需的设备称建筑设备，亦称内部设备，包括通风、空调、给水、排水、供电、照明等设备。人防工程中建筑设备的数量与其用途、规模和防护要求等有关，指挥工事通常有完善的建筑设备，包括柴油电站，但极少有电梯；大型平战结合的公共人防工程，不但平时需要有完善的建筑设备，甚至设有自动扶梯等。

3.1.4 防护设备

人防工程中主要用来阻挡冲击波、毒剂等从孔口进入主体的设备称防护设备，包括防护门、防护密闭门、密闭门、活门、滤毒器等。能阻挡冲击波但不能阻挡毒剂等通过的门称防护门；与之功能相反的称密闭门；两种功能均具备的称防护密闭门。活门是防爆波活门的简称，是用于通风或排烟口的防冲击波设备。

3.1.5 建筑装修

建筑装修是在建筑物的结构以外为了满足使用功能而增设的建筑配件和修饰物，如普通门窗、隔断、地面、墙面、吊顶棚等。装修标准主要决定于建筑的用途。

3.1.6 主体和口部

人防工程中能满足战时防护及其主要功能要求的部分称为主体，主体是人防工程中满足人员、物资、装备等战时所需要的防护和生存要求的部分。人防工程的主体与地表面，或与其他地下建筑的连接部分称为口部，口部是保障主体能满足战时防护要求的一个重要环节。

人防工程包括主体有防毒要求的和主体允许染毒的两种类型。对于有防毒要求的人防工程，其主体指最里面一道密闭门以内的部分，口部是指最里面一道密闭门以外的部分；对于允许染毒的人防工程，其主体是指防护密闭门（防爆波活门）以内的部分，口部是指防护密闭门（防爆波活门）以外的部分。

3.1.7 密闭区和非密闭区

人防工程中能抵御预定的爆炸动荷载作用，且满足防毒要求的区域称密闭区，亦称清洁区。能抵御预定的爆炸动荷载作用，但允许染毒的区域称非密闭区，亦称染毒区。

对于有防毒要求的人防工程，其主体均属于清洁区；其防护密闭门（防爆波活门）以内，最里面一道密闭门以外的部分均属于染毒区。对于允许染毒的人防工程，防护密闭门（防爆波活门）以内的部分均属于染毒区。

3.2 人防工程的分类

3.2.1 按工程开挖的方式划分（见图3-1）

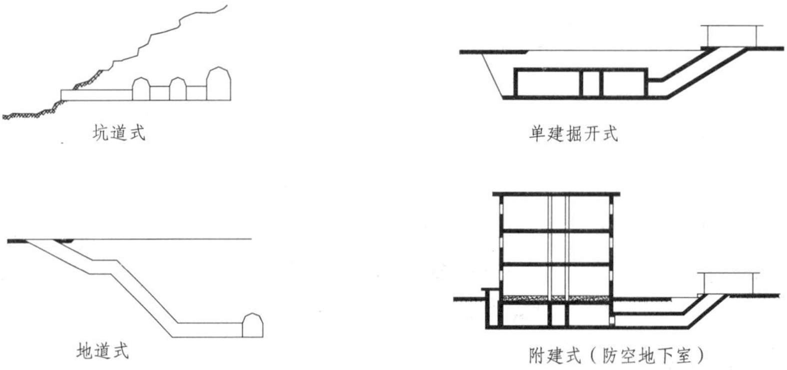

图3-1 按工程开挖方式划分的人防工程

（1）明挖工程

上部自然防护层在施工中被扰动的工程。它受地质条件影响较小，使用方便，作业面大，土方量大，与地面建筑及地下管线的关系较密切。它适用于抗力不太高或不宜暗挖施工的条件下使用。

1）堆积式工程。大部分结构高于原地表，且结构构筑完后在结构的周围及上部覆盖岩、土等防护层的工程称堆积式工程。

2）掘开式工程。采用明挖法施工且大部分结构在原地表以下的工程称掘开式工程。按上部有无地面建筑物又可分为单建式和附建式工程。上部无地面建筑物的称为单建式工程；上部有地面建筑物的称为附建式工程，亦称防空地下室，如楼房下的防空地下室。

（2）暗挖工程

上部自然防护层在施工中未被扰动的工程。施工中受地面建筑物及地下管线的影响较小，工程抗力随防护层厚度的增加有不同程度的提高。结构断面尺寸因有岩土起承载作用而可减小，但施工受地质条件影响较大。暗挖工程又分为坑道工程和地道工程。

3.2.2 按战时使用功能划分

根据战时不同的功能要求，人防工程划分为五类。

(1) 指挥工程

此类建筑系指各级人防指挥所。人防指挥所是保障人防指挥机关战时能够不间断工作的人防工程。

(2) 防空专业队工程

保障防空专业队掩蔽和执行某些勤务的人防工程，一般称防空专业队掩蔽所。一个完整的防空专业队掩蔽所一般包括专业队队员掩蔽部和专业队装备（车辆）掩蔽部两个部分。

防空专业队是按专业组成担负防空勤务的组织。他们在战时担负减少或消除空袭后果的任务。由于担负的战时任务不同，防空专业队分为抢险抢修、医疗救护、消防、防化、通信、运输和治安等七种专业队。

(3) 医疗救护工程

战时对伤员独立进行早期救治工作的人防工程。按照医疗分级和任务的不同，医疗救护工程可分为中心医院、急救医院和救护站。

(4) 人员掩蔽工程

战时供人员掩蔽使用的人防工程。根据战时掩蔽人员的作用，人员掩蔽工程分为两等：一等人员掩蔽所系指供战时坚持工作的政府机关、城市生活重要保障部门（电信、供电、供气、供水、食品等）、重要厂矿企业和其他战时有人员进出要求的人员掩蔽工程；二等人员掩蔽所系指战时留城的普通居民掩蔽所。

(5) 配套工程

系指除上述四种类型以外的其他各类保障性人防工程。主要包括：区域电站、区域供水站、核生化监测中心、物资库、警报站、食品站、生产车间和人防交通干（支）道等。

3.2.3 按照是否防核武器划分

虽然未来爆发核大战的可能性已经很小，但未来战争中的核威胁依然存在。因此在我国的一些城市和城市中的一些地区，人防工程建设仍须考虑防御核武器。但是由于我国地域辽阔，城市（地区）之间战略地位差异悬殊，威胁环境十分不同，因此按照是否考虑防核把人防工程划分甲、乙两类。甲类人防工程战时需防核武器、常规武器、生化武器；乙类人防工程不考虑防核武器，只考虑防常规武器和生化武器。

3.3 人防工程的分级

3.3.1 防常规武器抗力级别

人防工程防常规武器的抗力根据打击方式分为直接命中和非直接命中两类。直接命中的抗力级别按常规武器战斗部侵彻与爆炸破坏效应分为四级，分别为 1 级、2 级、3 级、4 级；

非直接命中的抗力级别按常规武器战斗部爆炸破坏效应分为两级，分别为5级和6级，不考虑战斗部对介质的侵彻作用。

3.3.2 防核武器抗力级别

人防工程的抗力等级主要用以反映人防建筑能够抵御敌人核袭击能力的强弱。其性质与地面建筑的抗震裂度有些类似，是一种国家设防能力的体现。抗力等级是按照防核爆炸冲击波地面超压大小划分的。人防建筑的抗力等级与其建筑类型之间有着一定的关联，但没有直接关系。防核武器抗力级别共分为九级，即1级、2级、2B级、3级、4级、4B级、5级、6级和6B级。至于某抗力等级的人防建筑，其对应的防冲击波地面超压值的大小和相应的防护要求，系根据国家制定的《人防工程战术技术要求》的规定确定。

3.3.3 防化级别

人防工程对军用毒剂、生物战剂和放射性气溶胶的防护（简称防化），根据工程的功能需要和技术与装备条件，防化共分为甲、乙、丙、丁四级。防化分级是以对化学武器的不同防护标准和防护要求划分的等级。实际上，防化等级也反映了对生物武器和放射性沾染等相应武器（或杀伤破坏因素）的防护。防化等级是依据人防建筑的使用功能确定的，防化等级与其抗力等级没有直接关系。

4　人防工程建设

人防工程，是战时掩蔽人员、物资，保护人民生命和财产安全的重要场所，是实施人民防空最重要的物质基础。人防工程包括为战时人员与物资掩蔽、人民防空指挥、医疗救护等而单独修建的地下防护建筑，以及结合地面建筑修建的战时可用于防空的地下室。人防工程建设，是人民防空防护体系建设的重要内容，也是城市人民保障自身安全的主要依托和可靠手段。

4.1　人防工程建设的目标和要求

4.1.1　人防工程建设的目标

人防工程建设的目标是：总体布局趋向合理，种类齐全配套，比例更加协调，平战转换措施更加完善。经过一段时间建设，全国重点城市平均掩蔽面积有明显增长，中央直辖市、省会城市和主要方向、经济发达地区的重点城市力争有一个较大幅度的增长。

4.1.2　人防工程建设的要求

《人民防空法》规定："建设人防工程，应当在保证战时使用效能的前提下有利于平时的经济建设、群众的生产生活和工程的开发利用。"据此，人防工程建设的要求，可分解为对人防工程目标、对单个人防工程建设和对人防工程体系建设的要求。

（1）对人防工程目标要求

人防工程属于战备工程，人防工程的基本目标是战备目标，同时，人防工程在和平时期要为城市经济、社会发展做贡献，因而，人防工程的从属目标是经济目标和社会目标。人防工程的战备目标是，在现有的经济和技术条件下，为城市留城人员提供完善的、生存率高的掩蔽防护空间。通常，可用人防工程总面积、掩蔽率、人防工程体系配套率和防护率四个指标来衡量。人防工程的经济目标是，在保障实现战备目标的前提下，在和平时期开发利用，尽可能获得较高的经济效益，从而促进人防工程建设的滚动发展和城市的经济建设。通常，可用人防工程体系总产值及总经济收益、单位面积人防工程产值及经济收益和投资收益率三个指标来衡量。人防工程的社会目标是，在保障战备效益的前提下，在和平时期开发利用，为社会服务，尽可能提供较高的社会效益。人防工程的社会服务功能主要体现在提高城市平时的防灾抗毁能力，满足城市商业、交通、文化娱乐等方面的需求和为城市提供就业岗位。可部分地用定量指标衡量，同时，也还需进行定性的分析和描述。

人防工程战时的战备效益和平时的经济、社会效益，基本上是一致的。概括地说，人防工程的规模大，布局合理，各单项工程符合设计规范和建设标准要求，则三个效益都会比较高。但具体的人防工程项目，其战备效益和经济、社会效益之间，可能会有矛盾。一般说，矛盾发生在工程选址、平面布局以及出入口的位置、形状、尺寸等方面。在这种情况下，应在确保达到战备目标的前提下，尽可能改善其平时的开发使用效能，使其具有较高的经济、社会效益。只要不断提高人防工程设计水平和发展人防工程防护功能平战转换的技术，这一要求是可以达到的。

（2）对单个人防工程建设的要求

可归纳为：防护可靠、保障使用、适于生存三项。防护可靠，是指对空袭的毁伤效应及其次生灾害，具有较高的防护能力。保障使用，是指人防工程在战时能为其所掩蔽的各类人员提供必要的使用条件，如内部空间条件、设备设施条件等。适合生存，是指战时人防工程内应有较好的环境条件，如设置通风、给水排水和电气三个设备系统，以保障人员的生存。

（3）对人防工程体系建设的要求

可归纳为：规模达标、功能齐全、布局合理、连接通畅。规模达标，是指城市需要的人防工程总量达到规定的需求规模。按照现行的各类人防工程面积指标，总结若干中等城市人防工程规划的经验，人防工程的需求规模（m^2），约为留城人口数量的1.8～2.0倍。功能齐全，是指虽然人防工程类型、性质和作用不同，但作为一个完整的人防工程体系，各种类型的人防工程应配套齐全。布局合理，是指在城市及下属的各防护分区，各类人防工程的位置合理，分布大体均衡。连接通畅，是指相关人防工程之间连接良好，各疏散通道顺畅。

4.2 人防工程建设的基本内容

人防工程建设的基本内容，包括人民防空指挥工程建设，公用的人员掩蔽工程和疏散干道工程建设，医疗救护、物资储备等专用工程建设，民用建筑地下室建设，城市的地下交通干线以及其他地下工程的人防配套建设。

4.2.1 人民防空指挥工程建设

人民防空指挥工程是人民防空指挥机构在战时实施安全、稳定、有效指挥的重要场所，在人防工程中占据核心位置。

在所有人防工程中，指挥工程的防护标准最高，它不仅要求有较高的防核武器冲击波抗力，还要求采取防电磁脉冲和防震、隔震措施。等级较高的指挥工程要求防护常规炸弹的直接命中。人民防空指挥工程的使用要求也很高。为保证指挥活动顺利进行，工程内部除需要配置生活设施之外，还需要配置通信等指挥保障器材。该项工程建设由人民防空主管部门负责，其经费由本级人民政府预算安排。人民防空指挥工程在选址、建筑布局、防护系统建设和通信系统建设等方面难度较大，工程造价也很高。因此，必须把人民防空指挥工程建设当作城市人防工程建设的重点来抓。

4.2.2 公用的人员掩蔽工程和疏散干道工程建设

公用的人员掩蔽工程和疏散干道工程，是解决城市公共场所和人口密集地区人员掩蔽疏散的公共防护设施，是确保战时人民生命安全的重要设施。

公用的人员掩蔽工程建设，要符合城市人口分布情况和就地就近掩蔽的要求，通常是划区分片进行，并结合改造、利用城市地下空间，如城市地下交通干线，地下公共设施和地下建筑等，达到建设标准。疏散干道工程要求经过城市人口稠密区域，市一级应设置疏散干道，区应设置支干道。重要人防工程、居住区人员掩蔽工程通过支干道彼此相连，干道则连通不同区域的人防工程群。该项工程建设由人民防空主管部门负责，经费主要由地方各级预算安排、中央预算补助和人民防空主管部门多渠道筹措解决。

4.2.3 医疗救护、物资储备等专用工程建设

医疗救护、物资储备等专用工程是指地下医院、救护站（所），各类为战时储备物资的仓库、车库，人民防空专业队伍集结掩蔽部等。它是保障战时各级人民政府统一组织医疗救护、物资供应、集结人民防空专业队伍的专用工程。这一工程建设对于战时消除空袭后果，减少空袭所造成的损失，意义十分重大。

医疗救护、物资储备等专用工程建设，不仅防护要求高，建设内容多，而且涉及的单位和部门也较多，组织协调较为困难。这项建设可结合地下建筑物建设一并进行，根据地下建筑物的不同情况和战时防空袭斗争的需要，预留加固技术措施，以便临战阶段加以改造、加固。该项工程建设，由县级以上人民政府所属的公安、城建、电力、化工、交通、邮电、商业、卫生、医药、环保、民航等部门负责，经费按照国家有关规定，由有关部门列入基本建设计划统一安排解决。

4.2.4 结合民用建筑修建防空地下室

结合民用建筑修建防空地下室，是指住宅、旅馆、招待所、商店、大专院校教学楼和办公、科研、医疗用房等民用建筑，应按照国家有关规定修建战时可用于防空的地下室。结合城市新建民用建筑修建战时可用于防空的地下室，是战时保障城市居民就近就地掩蔽，减少伤亡损失的重要途径。

由于防空地下室便于进入和防护，设计抗力不高，而投资效费比高，注重防空地下室建设成为世界各国普遍采用的做法。国务院、中央军委和国家有关部门先后颁发了一系列关于结合民用建筑修建防空地下室的规定。目前国家规定：新建10层（含）以上或基础埋置深度达3m（含）以上的民用建筑，按照首层面积修建6级（含）以上防空地下室；新建除前款规定和居民住宅以外的其他民用建筑，地面总建筑面积在2000m^2以上的，按照地面建筑面积的2%～5%修建6级（含）以上防空地下室；新建居民住宅楼，按照地面首层建筑面积修建6B级防空地下室。

4.2.5 城市地下空间建设兼顾人民防空需要

《人民防空法》规定："城市的地下交通干线以及其他地下工程的建设，应当兼顾人民防空需要。"据此，城市的地下交通干线以及其他地下工程的人防配套建设就成为人防工程建设的重要内容。"地下交通干线"，是指地铁、地下交通隧道、地下公路等。"其他地下工程"是指地下管网和供水、供电、供气、供热、通信等公用基础设施。这些地下设施都要根据人民防空的需要，修建人防配套工程。

城市地铁、地下交通隧道、大型地下建筑宜与附近重要的人防工程和人防主干道、支干道相连通；暂时不能连通时，应根据人防工程建设规划预留连通口。

该项工程建设，应由建设单位负责，所需经费列入城市的地下交通干线以及其他地下工程建设的概（预）算之内，纳入基本建设投资计划。

4.3 人防工程建设的主要措施

4.3.1 贯彻执行《人民防空法》及其他人民防空法规

《人民防空法》和其他人民防空法规，对人防工程建设的原则、标准、程序、分工、保障和维护管理等都做出了明确的规定。这些规定，既是实施人防工程建设的依据，又是搞好人防工程建设的重要法律保证。认真贯彻执行这些法规，是实现人防工程建设目标的最根本措施。

（1）提高对人防工程建设重要性的认识

积极开展人民防空宣传教育，使人们了解人民防空防护体系在战时的有效性，取决于和平时期的长期准备。特别是人防工程建设，规模巨大、技术性强、耗资较多，需要动员各方面的力量，经过长期、艰苦建设才能适应战时需要，为人民生命和财产安全提供保障。通过宣传教育，扭转人们对人防工程建设轻视、漠视的态度，逐步消除随意减免人防工程建设指标，或随意不建、漏建人防工程，拖欠人民防空建设费用等现象。

（2）加强监督，严格执法

人民防空主管部门，要以《人民防空法》和其他人民防空法规为依据，对人防工程建设的设计、施工、质量进行监督，对不符合国家规定的防护标准和质量标准的防空工程，要责令采取补救措施，限期整改；对拒不执行的，要依法追究刑事责任。人民防空主管部门，应逐步建立健全的人民防空行政执法机构，可在现有人员编制内明确专门的行政执法人员，同时不断提高他们的法律素质，使其熟悉人民防空法律法规和有关政策，不断提高行政执法水平。

4.3.2 与城市建设紧密结合，同步发展

人防工程建设主要在城市进行，离开城市建设，人防工程建设将成为无源之水、无本之木。人防工程建设与城市建设相结合，是现代化城市建设和发展的必然趋势，是人防工程建设的基本途径。

（1）把人防工程建设纳入城市发展计划

根据城市建设的长期、中期、近期发展计划，制定人防工程建设规划，全面部署一定时期内人防工程建设的进度、规模、类型和布局，并将其与城市发展计划相融合、协调。在规划过程中，既要考虑人防工程的战备功能，又要考虑平时的使用效益，城市的基础建设要与人防工程统筹兼顾，紧密配合；既要贯彻城市防空袭所确定的企图和部署，体现防空袭预案中确定的城市人民防空防护体系、防护区片的划分及对工程保障的要求，又要改善城市交通，节约城市建筑用地，提高城市建筑的抗震、抗毁能力。人防工程建设规划的期限和范围，应与城市规划相一致。

（2）明确职责，抓好落实

城市人民防空主管部门是执行人防工程建设规划的主要责任部门，应在人民政府领导下承担起实施规划的责任。及时督促检查新建小区、旧城改造区人防工程建设详细规划的执行情况；严把防空地下室的报建审批和竣工验收关，并加强建设过程中的检查、指导；积极向

市、区领导提出及时修建市、区级人民防空指挥工程的建议，并协助选择工程位置，组织工程建设的具体事宜；要积极筹措资金，选择位置，按规划期限落实各项平战结合的单建人防工程项目，以及人民防空疏散干道的建设；要与城市建设部门协作配合，解决城市地下空间开发项目的附加防护设施和预留加固问题。县以上人民政府的计划、规划和建设部门，应在各自的职责范围内，支持人民防空主管部门执行规划，并对人民防空主管部门的工作给予协助、指导和协调。

4.3.3 筹集和使用好人防工程建设资金

城市的发展为人防工程建设的发展带来了契机，也对其提出了更迫切的需求。特别是随着城市人口的迅速增长，人防工程建设的任务和建设成本都在不断增加，在这种形势下，经费短缺的矛盾凸现出来。加快人防工程建设步伐的根本出路在于加大投入。当前，在国家政策允许范围内，加强人防工程建设资金的筹集和使用非常重要。

（1）加大国家对人防工程建设资金的投入

人防工程建设专项资金，是人防工程投资的主体，这部分主要靠国家和地方财政拨款。国家要加大对人民防空建设资金的投入，这样不仅可以有力地支持和保障人防工程建设，而且还可以带动全国各地对人防工程建设的投资热情。

（2）拓展人防工程建设筹资渠道

一方面，要走多元化筹资之路。《人民防空法》规定："国家鼓励、支持企业事业组织、社会团体和个人，通过多种途径，投资进行人防工程建设；人防工程平时由投资者使用管理，收益归投资者所有。"依此，企业事业单位、社会团体和个人都可以成为人防工程项目的投资主体。人防工程项目的筹资，在符合《人民防空法》和有关经济法规规定的前提下，可采取多种方式。如：向银行借款；吸收单位、团体和个人资金；企业事业单位、社会团体和个人独资或合资建设等。另一方面，要加大人民防空建设经费的筹集和收缴力度。依照法律和政策规定，使人民防空建设经费能及时、足额地收缴。同时，要搞好人防工程建设的滚动发展。要把人防工程开发经营和出让使用权的收入，出租房屋或场地的收入，以及人民防空主管部门的其他收入，以一定比例投入人防工程建设，从而推动人防工程建设的滚动发展。

4.3.4 提高人防工程建设的技术水平

人防工程是技术含量很高的建设项目，不断提高人防工程建设的水平，是加强和完善人防工程建设的又一重要措施。

（1）加强人防工程科学研究

人防工程建设，是防护理论和技术、地质学、岩土力学、建筑学、结构工程、材料学、通风、给水排水、消防、电气、通信等学科，以及地下建筑施工组织和安装技术综合运用的成果。为了建立科学适用的防护标准、设计计算理论和解决施工中的难题，必须开展涉及上述多种学科和技术的科学研究。在高技术条件下，一些新的科研课题正日益引起人们注意，如重要人防工程对精确制导弹药的防护技术；使用精确制导弹药的常规空袭中，一般人防工程的安全概率、合理规模和布局；航弹侵入人防工程爆炸的毁伤效应；常规空袭次生灾害对人防工程的威胁和对策；新材料和新防护技术的探索等。深入的科学研究必将促进防护理论和技术的突破，从而推动人防工程技术的发展。

（2）进一步完善有关标准和规范

标准和规范是人防工程建设在技术方面的依据。经过多次的修订和充实，我国已经有了一套比较完整的人防工程防护标准、建设标准和设计规范，在当前是基本适用的。为了适应高技术条件下防空袭斗争的需要，应在总结设计、施工经验和吸收人民防空科研成果的基础上，对标准和规范进一步加以完善，当前比较重要的是使现有防护标准扩展、调整，更多、更深入地反映防高技术常规空袭的要求，然后在进行常规武器破坏效应试验，取得必要数据的基础上，制定出人防工程对常规武器的防护标准，同时对设计规范加以修订。

（3）引入新技术成果，提高人防工程施工水平

地下建筑物的施工条件比较复杂，有时不得不在恶劣的地质条件下施工，施工难度很大，且有一定风险；人防工程常常选址在人口稠密、建筑物密集、地下管线密布的地区，作业面狭窄，地面建筑物离人防工程基坑边缘近在咫尺，大大增加了施工难度；人防工程的施工周期通常较短，防空地下室施工周期过长将拖延整个地面建筑物的进度，掘开式工程施工周期过长，将影响城市交通和环境。为满足人防工程的特殊需要和解决施工方面所遇到的主要难题，应注重引进新技术、新工艺和新型建筑材料，以提高工程施工水平。

4.3.5 加强人防工程建设的管理

管理出质量，管理出效益。加强人防工程建设的管理，是确保人防工程建设质量，提高人防工程建设资金使用效益的重要措施。

（1）严格执行人防工程项目的建设程序

人民防空主管部门要抓住计划立项、勘察设计、材料设备、施工及竣工验收等主要环节，切实负起责任，严格按照国家现行的人防工程建设计划、设计、施工、验收管理规定执行，严禁擅自简化建设程序和超越权限、化整为零进行审批等现象。

（2）落实工程建设管理制度

要落实工程质量领导责任制。各级各类人防工程在开工前，要明确建设、设计、施工和监理单位及有关责任人，项目法人要对人防工程建设质量全面负责，对其经手的工程质量负终身责任。要实行人防工程招标投标和监理制。引入市场竞争机制和管理制度，虽是确保人防工程建设质量的有效办法，但由于人防工程属保密工程，人民防空主管部门要对参加投标的设计、施工和监理单位的相应资质进行严格审查，确保人防工程的保密和建设的高质量。要建立人防工程考核和奖惩制度。人防工程建设项目实行工程建设目标管理制度，对经各省、自治区、直辖市及以上人民防空办公室验收确认，完成目标管理的，应对建设单位给予奖励；对于未完成目标管理的，要给予相应的处罚。

4.4 编制城市人防工程建设规划

人防工程规划是与城市总体规划配套的专业性规划，通常是城市防灾规划和地下空间规划的一个重要部分。经批准后，它是城市建设和管理的一个法规性文件。同时，人防工程又是落实城市防空袭预案的一个重要文件。防空袭预案中有关工程保障的要求，通过贯彻、执行人防工程规划而得以实现。

在城市总体规划阶段，制定城市人防工程总体规划。当城市规模很大时，需要做人防工程分区规划。在城市制定详细规划阶段，应与之相配合制定人防工程详细规划。

4.4.1 城市人防工程规划的任务和意义

城市人防工程规划是在一定时期内（城市规划期内）城市人防工程建设（新建和改造）发展的目标和计划，是人防工程建设的全面部署，也是人防工程建设的管理依据。人防工程规划中，主要规定了规划期内人防工程发展的目标，以及体现该目标的人防工程建设规模、进度、体系和布局。

城市防护是城市在组织经济和市民生活的功能之外的一项重要功能，而人民防空是城市防护的一个重要部分。人防工程规划应能使规划期内的人防工程建设尽可能好的满足城市防护需求，具有较高的防护效益。人防工程规划确定了城市在规划期内的人防工程发展水平、建设重点、布局和步骤，是搞好城市人防工程建设、增强城市功能的主要保证；人防工程规划可以保证人防工程建设有重点、有序、合理发展，避免随意性、不均衡性，减少浪费，提高工程利用率；人防工程规划可以保证人防工程建设和城市建设的同步、协调发展，特别是和城市地下空间开发规划保持协调一致，对城市建设和人防建设都具有重要意义。

4.4.2 制定城市人防工程总体规划的主要依据

《城市规划法》和《人民防空法》是制定城市人防工程总体规划的基本法律依据。还有城市总体规划、防空袭预案、《人防工程战术技术要求》、人防工程现状以及国家、省、市关于人防工程建设的法规、政策等，也是制定人防工程规划的重要依据。

（1）城市总体规划

人防工程规划是在城市总体规划的指导下进行编制的，它必须体现总体规划对人防工程建设的要求；同时，人防工程规划也是在总体规划所规定的城市发展的背景下展开工作的，它离不开总体规划中所提供的城市的有关资料。从城市总体规划中可以了解城市当前及规划期内多方面的情况。

编制人防工程规划时，要着重研究总体规划中如下内容：①城市的性质；②城市的规模。城市的规模包括用地规模和人口规模，用地规模是城市人防工程建设的范围，人口规模是确定城市人防工程需求量的重要依据；③城市布局、结构；④城市规划期内交通、能源、工业等重大建设项目；⑤城市住宅建筑、公共建筑建设（房地产开发）的主要数据；⑥城市新建广场、新辟道路、新建大片绿地规划，旧区改造规划；⑦城市总体规划对人防工程建设的要求；⑧城市近期建设的主要项目。

（2）防空袭预案

防空袭预案是城市人民防空总的指导文件，它也是编制人防工程总体规划的指导性文件。由防空袭预案可以获得编制人防工程总体规划的如下重要信息：①城市的空袭威胁环境。在防空袭预案中，将确定城市的战略地位、可能遭敌人空袭的重点目标，预测潜在敌人可能的空袭手段（常规空袭还是核空袭）及轰炸方案；②城市防护的指导思想和人防防护体系；③人防指挥系统及各级人防指挥所的位置；④人口疏散计划；⑤防空专业队的编制、规模和配置；⑥工程保障要求。

（3）人防工程建设现状

人防工程建设现状也是制定人防工程规划的一个重要基础。应掌握人防工程现有的规模（个数、面积）、功能（战时平时的使用功能）、类型（坑道、单建掘开式、地下室等）、抗力分级，以及完好率、配套率（指土建、安装、防护的配套）等，从而为制定新建、改扩建、修复、工程配套的规划提供依据。

在研究已建人防工程的面积时，应注意区分建筑面积、有效面积和掩蔽面积，并分别考察不同区片留城居民平均占有的人防工程面积。

（4）国家、省（自治区）、市关于人防工程建设的法规、政策

包括城市建设地下室、收取人防建设费、修建各类人防工程的责任部门和单位等方面的法规、政策。

4.4.3 人防工程总体规划的内容

（1）规划期内城市人防工程建设的目标和指导思想

1）目标：根据城市总体规划所确定的城市规模和城市建设的实际情况，经过反复调研和测算，制定积极而又切实可行的目标。可以表达为人防工程的建设规模，城市人口（留城人口）人均拥有的人防工程面积，以及人防工程体系的完整程度等。

为使所确定的人防工程建设目标尽可能合理，应该预测城市规划期内对人防工程的需求和建设人防工程的能力。

需求量：满足城市人口防护需要的人防工程体系和各类人防工程的数量。

建设量：城市在规划期内可能建成的各类人防工程的数量。

需求量与建设量通常是不一致的，两者之间存在着差距，有的城市差距较小，有的差距很大。确定规划期的建设量，必须考虑城市的建设能力。

2）指导思想：实现规划目标的指导思想，包括发展重点，发展途径和重要关系的处理等。

（2）人防工程建设规模和进度

在规划中应规定不同时期（近期、中期、远期）城市人防工程规模控制的数据，以及城市人口（留城人口）人均拥有人防工程面积。

人防工程的建设规模，体现了人防工程建设满足需求的程度，也是人防工程建设成果的主要指标，同时，它又取决于各年完成的人防工程量，即人防工程的进度。因此，合理确定规划期内各年新增（新建）人防工程数量是制定规划时的一个很关键的问题。

（3）各类人防工程的数量、布局和建设时限

根据规划期内人防工程的总体规模、年进度和形成防护体系的要求，确定各类人防工程的建设数量、布局和建设时限。这相当于制定每一类人防工程的规划，即人防指挥工程建设规划、医疗救护工程建设规划、防空专业队建设规划、人员掩蔽工程建设规划和配套工程的建设规划。其内容可以通过“人防工程建设指标”、“城市各片区、各组团人防工程建设指标”、“人防指挥工程规划”、“医疗救护工程规划”“人防工程规划总表”等表格显示出来。

人防工程的布局应该符合形成完善的人防工程防护体系的要求，以使人防工程具有最好的防护效益。各类人防工程的选址还应满足战技要求的有关规定。指挥、医疗救护和防空专业队工程，应从全城人防防护着眼，进行布局。指挥工程宜选择防护和隐蔽条件好的地形，并应离开可能遭严重打击的区域；医疗救护工程布局宜考虑人口的分布，同时注重保障可能遭附带毁伤较严重，伤员数量较高的区片；防空专业队工程布局，应考虑接近保障目标和保障区域，并有利于指挥和机动。人员掩蔽工程和物资库工程则宜按防护区片布局，尽量与留城人口的分布均衡。

当城市规模较大时，需进行分区规划，即分区安排人防工程的数量、类型、布局、进度等。

（4）平战结合人防工程规划（人防工程建设与城市地下空间开发相结合规划）

主要规定规划期内由人防部门为主开发的平战结合工程的数量、面积、平时功能、建筑类型（坑地道、单建掘开式、地下室）、抗力级别和建设期限等，并应预测各工程项目所需资金。规划内容可以通过"平战结合人防工程规划表"显示出来。

（5）对已建工程实施加固、改造，完善配套和报废的规划

（6）对城市普通地下室实行临战加固的规划

普通地下室在战时也是重要的人防防护资源，特别是一些新确定的人防重点城市，已建人防工程数量少，在短时间内难以满足防护要求。

制定普通地下室临战加固规划的要点是：①调查、统计，明确城市拥有普通地下室的数量、面积、分布、平时用途，地下室的建筑、结构形式等。②确定普通地下室的战时功能、防护要求（按规范达到等级防护，还是只提高其对某些武器的防护性能，并不要求达到等级防护），基本技术措施等。③明确临战加固的责任单位。④估测战时经临战加固可利用的普通地下室防护面积。

（7）各类人防工程的责任建设单位

《人民防空法》第二十一条规定："人民防空指挥工程、公用的人员掩蔽工程和疏散干道工程由人民防空主管部门负责组织修建；医疗救护、物资储备等专用工程由其他有关部门负责组织修建。有关单位负责修建本单位的人员与物资掩蔽工程"。

（8）近期规划

近期人防工程建设规划应更具体、明确，应根据城市总体规划中的近期规划，及当时城市的实际建设计划，确定人防工程建设的规模、数量、重点项目的建筑面积、平战功能、具体位置、经费预算等。

4.4.4 制定人防工程规划的基本步骤

（1）调研工作

调研工作是制定规划的基础性工作。调研的方法主要是获取各种文件（如《城市总体规划》、《城市防空袭预案》）、档案（如有关人防的资料），必要时到规划、城建、军分区、交通、市政、物资等部门进行具体的口头或文字调查。对调查所得的资料，应进行深入的研究和分析，并整理出适合制定人防工程规划使用的《基础资料汇编》。

（2）制定规划

当城市规模较大，规划工作较复杂时，可在调研工作结束后，先拟定《人防工程总体规划纲要》，经城市规划和人防部门审查批准后，再编制规划。一般人防城市，可以不拟定规划纲要，直接进行规划编制工作。

（3）广泛征求意见

人防工程规划是人防工程建设的法规性文件，而人防工程的建设不单是人防部门的工作，需要城市建设的各部门、各单位共同完成。所以人防工程规划必须广泛征求各部门、各单位的意见，使之操作性更强。

（4）评审

在规划送审稿完成后，召开对送审稿的评审会，会议通常由市政府领导或市规划部门领导主持，邀请规划和人防专业的专家担任评委，组成评委会，对规划做出评价。军分区、城建、市政、交通、供电、供水、绿化、公安、消防、通信等部门参加，并提出修改意见。

（5）审批

修改规划送审稿，并按程序上报审批。

4.4.5 人防工程规划的成果样式

人防工程规划由文本、说明书和图集组成，文本和图集具有同等法律效力，说明书是对文本的解释。

4.5 人防工程建设程序

人防工程建设是分若干工作阶段而又连续不断逐步完善的过程。人防工程建设程序是人防工程建设工作中必须遵循的先后工作次序，对建设项目的科学性、经济性、可行性将起到不可估量的作用。人防工程建设程序划定的各个工作步骤各有其不同的工作内容，前一步骤工作为后一步骤工作创造条件，后一步骤工作又是对前一步骤工作的验证。

4.5.1 人防工程建设项目标准划分与审批权限

（1）人防工程建设项目标准划分

1）大型项目：投资规模在2000万元（含）以上的工程；投资规模在1000万元（含）以上的各级人民防空指挥工程。

2）中型项目：投资规模在600万元（含）~2000万元的工程；投资规模在1000万元以下的各级人民防空指挥工程。

3）小型项目：投资规模在200万元（含）~600万元的工程。

4）零星项目：投资规模在200万元以下的工程。

（2）人防工程建设项目审批权限

1）大型项目由国家人民防空主管部门审批；

2）中、小型项目由省、自治区、直辖市人民政府人民防空主管部门审批，其中项目建议书和可行性研究报告报国家和军区人民防空主管部门备案；

3）零星项目可不编报可行性研究报告和初步设计文件，其项目建议书、施工图设计文件由人民防空重点城市人民防空主管部门审批，项目建议书报省、自治区、直辖市人民政府人民防空主管部门备案。

4.5.2 提出项目建议书

项目建议书是建设单位向国家推荐项目并获得国家同意项目立项的第一步。人防工程建设单位应当根据人防工程建设中长期计划，提出项目建议书。

项目建议书的内容主要包括：建设的必要性和依据，建设地点、建设规模、防护要求、平战时用途、建设条件、环境影响、协作关系、投资估算和资金筹措，战备效益、社会效益、经济效益初步分析。

4.5.3 进行项目可行性研究

项目建议书获得审批通过后，项目得以立项，根据需要进入项目可行性研究阶段。项目可行性研究是对建设项目在战术、技术上是否可行及经济上是否合理，进行全面分析、论证，多方案比较和评价。项目可行性研究是编制设计任务书的依据。

人防工程建设项目可行性研究的内容，按照工程的不同类型、不同规模、不同用途，具体内容和深度可以有所区别，有所侧重，但其基本内容则是相同的，可行性研究报告的内容主要包括：①建设目的和依据；②建设具体地点及征地拆迁情况；③建设条件、环境保护；④战时、平时用途；⑤主要防护指标和战术技术论证；⑥市场调查、预测；⑦主要经济指标的研究比较和分析；⑧水文、地质、气象资料；⑨政府部门和主要协作单位签署的意向文件；⑩建设规模、投资估算；⑪资金来源和筹措方式；⑫工程总体设计原则和方案选优；⑬工程进度安排和项目实施的主要措施；⑭使用或生产（经营）的组织管理；⑮战备、社会、经济效益评价；⑯工程位置图和选定的方案图。

加固改造项目还应当包括原有设施设备的利用情况。

4.5.4 编制设计任务书

设计任务书是确定建设项目和建设方案的决策性文件，是编制设计文件和工程建设的依据。设计任务书的内容和深度应符合国家规定，并能达到编制初步设计的要求。

设计任务书的内容主要包括：①工程名称、类型和规模；②建设地点；③防护等级；④战时和平时用途；⑤建设工期；⑥总投资控制及投资来源；⑦建设目的和依据；⑧水文、地质等基础资料；⑨对建筑、结构、风、水、电、消防、防护的要求；⑩战备、社会、经济效益的综合评价。

4.5.5 编制初步设计文件和施工图设计

工程设计文件是指对拟建工程的实施在技术上和经济上所进行的全面而详尽的安排，是投资计划的具体化，是把先进技术和最新科研成果列入生产和建设的主渠道，是整个工程建设的决定性环节，是组织施工的依据。其根本任务是把计划与理想变成现实蓝图，它直接关系到工程质量和将来的使用效果。人防工程所有建设项目都必须委托具有相应资质等级的勘察设计单位进行设计。一般工程项目，按初步设计、施工图设计两个阶段设计；技术上简单的建设项目，可直接做施工图设计；技术比较复杂的建设项目，按初步设计、技术设计和施工图设计三个阶段设计。必要时还要增加总体设计阶段。

(1) 初步设计文件内容

初步设计文件是根据设计任务书和有关要求、规范编制的，主要内容包括：①设计依据；②设计总说明；③建筑总平面图、平面图、主要剖面图；④主体结构形式、剖面和防护系统图；⑤风、水、电专业系统图；⑥主要设备、材料表；⑦主要技术措施和各项技术经济指标；⑧工程设计概算。

（2）施工图设计文件内容

工程初步设计文件批准后，进行施工图设计，其主要内容包括：①设计依据；②设计总说明；③建筑结构、地基基础、防护系统工程施工图；④通风空调、给排水、供电、通信工程施工图；⑤各种设备、材料表；⑥基础处理、结构及各专业设计计算书；⑦工程施工图概算。

4.5.6 人防工程建设发包与承包

人防工程建设项目发包与承包管理是人防工程项目管理的重要内容之一。人防工程建设项目的发包与承包，实行招标与投标制度。实行招标与发包的人防建设项目，包括项目的设计、施工、监理以及重要设备的采购，应当按照《中华人民共和国招标投标法》的规定，采取公开招标或者邀请招标的方式进行招标。

工程建设发包，是指建设单位通过招标等方式将建设项目的全部或者部分交由他人承包，并支付相应费用的行为。工程建设承包，是指通过投标等方式取得建设项目的全部或者部分，并收取相应费用而完成建设项目的全部或部分的行为。

人防工程建设发包与承包的基本规定：

1）人防工程建设项目的发包与承包，实行招标投标制度，发包方应当与承包方依法签订合同，明确双方的权利、义务和其他有关事项。

2）国家和省、自治区、直辖市重点人防工程建设项目不宜公开招标的，经国家发展计划主管部门和省、自治区、直辖市人民政府批准，可以进行邀请招标。

3）涉及国家安全、国家秘密的人防工程建设项目，不宜进行招标的，按照国家有关规定可以不进行招标。

对上述不宜招标发包的人民防空工程建设项目，经工程建设管理部门批准，可以采取协议发包、直接发包或者工程建设项目任务投资包干等形式。

4.5.7 人防工程施工管理

建设单位作为人防工程项目的发起人和投资者，与工程建设有着最为密切的利害关系，因此必须对工程项目建设的全过程加以科学、有效和必要的管理。对人防工程的施工管理，由于委托了监理公司，所以偏重于协调和组织工作，为监理公司、承包商的管理做好必要的支持和配合工作，监督控制工程建设的顺利实施。其具体管理任务如下：

（1）组织施工招标

在监理方的帮助下，确定工程发包合同方式，然后，编制招标文件，确定标底，对投标者进行资格审核，开标、评标和决标，确定中标单位，谈判并与中标的承包商签订合同。

（2）施工准备

施工准备工作的主要内容如下：

1）工程项目前期工作完成后，建设单位提出开工报告（附“人民防空工程施工图设计文件审查批准书”）。大、中型项目的开工报告，送省、自治区、直辖市人民防空主管部门审批。小型项目的开工报告，送人民防空重点城市人民防空主管部门审批，并报上一级人民防空主管部门备案。零星项目可不提交开工报告。

2）加紧征地拆迁工作的进行，保证建设用地有关事宜如期办理完毕。

3）保证设计者按进度计划供应图纸，及时组织有监理方、承包商、设计者和业主本人参加的图纸会审，做好设计的报批工作，保证能根据施工展开的要求供应图纸。

4）落实施工现场的供水、排水、供电、道路修筑等工作，与市政、道路、供电、自来水、市政养护等部门签订有关协议，进行施工现场的场地平整工作。

5）组织由建设单位负责供应的材料、设备的订货，必要时可进行设备招标。

6）帮助施工单位办理施工许可证。

（3）对施工过程进行管理

1）确认承包商选择的分包单位。

2）审查承包商提出的施工组织设计，对其中的施工技术方案和施工进度计划等提出修改意见。

3）审核承包商提交的工程量清单及其要求付款的报表，按有关规定向承包商支付工程款。

4）监督工程进度计划的执行，对承包商提出的延长工期的要求予以审核答复，检查工程质量。

5）针对承包商的索赔要求进行反索赔工作。

6）参加主要的现场施工会议，进行工作协调和决策。

7）履行业主应承担的其他一些义务。

（4）竣工验收工作的监督与管理

1）督促和配合监理方、承包商做好工程盘点、工程质量等级评价、竣工图的绘制，以及各种资料、文件的准备和整理，必要时可进行工程项目的初步验收，然后向有关部门（上级主管部门、城建、规划、工程质量监督等）申请进行竣工验收。

2）整理各类技术文件资料。将参与项目的各方所提交的技术文件资料进行系统的整理，并立项分类，以适应以后使用、维修的需要。并按要求将一些文件图纸上交档案管理部门。

3）与承包商进行工程结算。

5 人防工程孔口及其防护

5.1 孔口的种类及主要威胁

5.1.1 孔口的种类

人防工程一般构筑在地下或山体之中，必须设置一定数量的孔口，包括出入口、通风口、排烟口、给排水口及管线进出口等，供人员、设备或武器的进出以及通风换气、通信联络等需要。出入口是人员、设备和物资的进出口，按其重要性分为主要出入口、次要出入口、备用出入口以及连通口等；通风口是进风口与排风口的通称；排烟口主要供电站排烟。孔口是工事必要的组成部分和与外界联系的重要通道，又是暴露和遭敌攻击的主要目标，同时又是防护的薄弱环节．因此，搞好孔口及其防护，是人防工程设计的重要内容。

5.1.2 孔口的主要威胁

人防工程所要抵御的武器有常规武器、核武器、化学武器和生物武器。常规武器主要是航弹和导弹，它们命中口部后造成堵塞或破坏孔口防护设备，从而使工事降低甚至丧失抗冲击波或毒剂的能力。核武器的破坏因素有热辐射、早期核辐射、冲击波、放射性沾染和核电磁脉冲。热辐射只对露天工事或设于大量易燃物附近的工事有威胁，而一般人防工程对它可不加考虑；早期核辐射既可通过防护层又可经过孔口进入主体杀伤人员；冲击波既可破坏结构又可从孔口进入主体杀伤人员或破坏设备；放射性沾染只可能从孔口进入工程伤害人员；核电磁脉冲对通信、指挥控制、电子设备有威胁。毒剂只能从孔口进入建筑物伤害人员，生物战剂与毒剂有本质不同的东西，但对人防工程威胁的途径与毒剂相似，即只可能从孔口进入建筑物，且只威胁有生物。

5.2 出入口及其防护设施

5.2.1 出入口的分类

(1) 按设置位置分

1）室内出入口。是指通道的出地面段（无防护顶盖段）位于人防工程上部建筑投影范围以内的出入口，通常位于上部建筑的楼梯间（如图 5-1）。战时空袭后，由于建筑物的倒塌，室内出入口容易被堵塞。故室内出入口战时只能用作次要出入口。

2）室外出入口。是指通道的出地面段（无防护顶盖段）位于人防工程上部建筑投影范围以外的出入口。室外出入口一般有两种形式：通道出地面段位于上部建筑投影范围以外，且与上部建筑有一定距离的室外出入口称为独立式室外出入口（如图 5-2）；通道出地面段位于上部建筑投影范围以外，且其一侧与上部建筑外墙相邻的室外出入口称为附壁式室外出入口（如图 5-3）。

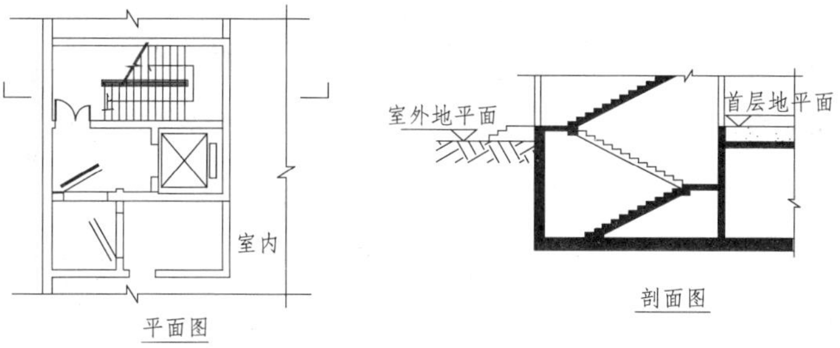

图 5-1 室内出入口

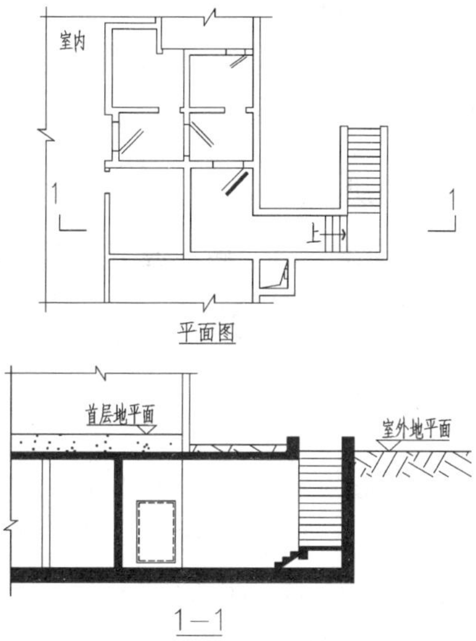

图 5-2 独立式室外出入口

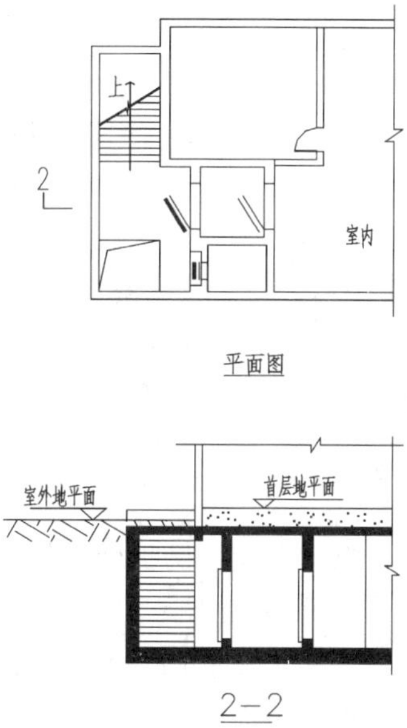

图 5-3 附壁式室外出入口

3）连通口。人防工程在地面以下与其他地下工程（包括人防工程）相互连通的出入口。人防工程中防护单元之间为满足平时使用需要，在防护单元隔墙上开设的供平时通行、战时封堵的口称为单元间平时通行口。

（2）按战时使用功能分（如图 5-4）

1）主要出入口。是指战时空袭前、空袭后，人员或车辆进出较有保障，且使用较为方便的出入口。空袭前后都使用，故应使其战时不易被破坏，不易被堵塞，并设置有必要的洗消设施，以便在空袭后室外染毒时保障人员、车辆方便地进出。一个防护单元应至少有一个主要出入口，主要出入口应以满足战时使用要求和防护要求为前提，其楼梯（坡道）均应满足战时抗力要求。

2）次要出入口。是指战时主要供空袭前使用，当空袭使地面建筑遭破坏后可以不再使用的出入口。故可不考虑防堵塞措施，其楼梯（坡道）也可不考虑战时荷载。一个人防工程或一个防护单元可根据需要设一个或多个次要出入口。

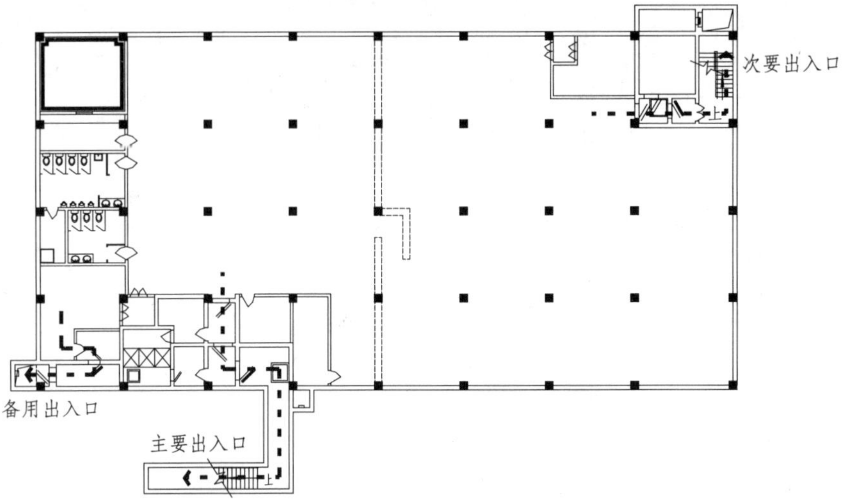

图 5-4　战时出入口使用功能

3）备用出入口。是指战时一般情况下不使用，当其他出入口遭破坏或堵塞时应急使用的出入口。备用出入口应在空袭条件下不易被破坏，不易被堵塞。备用出入口一般采用竖井式，且往往与通风竖井结合设置。

5.2.2　出入口的形式

出入口形式系指其防护门（防护密闭门）以外通道的形式。

（1）直通式（如图 5-5）

防护门（防护密闭门）外的通道在水平方向上没有转折通至地面的出入口。此种出入口的敞开段正对防护门（防护密闭门）。此种出入口虽然形式简单，出入方便，造价较低；但对防炸弹射入和防早期核辐射、防热辐射均不利。特别是遭核袭击后，大量的抛掷物可能会从地面进入通道内，并直接堆积在防护门（防护密闭门）外，从而影响防护门（防护密闭门）的开启。故一般不采用此种出入口。

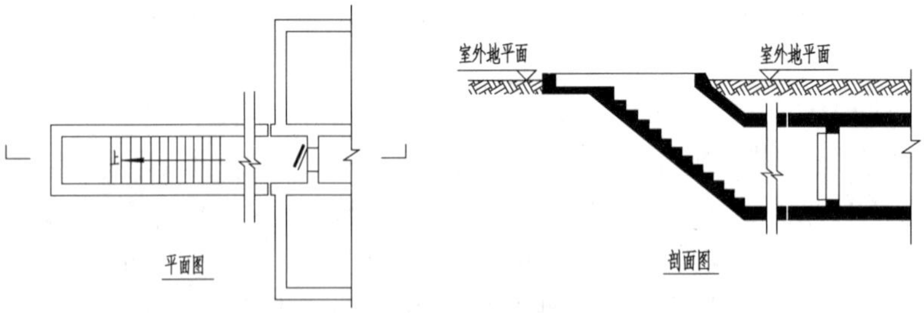

图 5-5　直通式出入口

（2）单向式（如图 5-6）

防护门（防护密闭门）外的通道在水平方向上有垂直转折，并从一个方向通至地面的出入口。此种出入口出入也较方便，同时可以避免直通式出入口的诸多缺点，只是造价略高于直通式。一般防空地下室经常采用此种出入口。

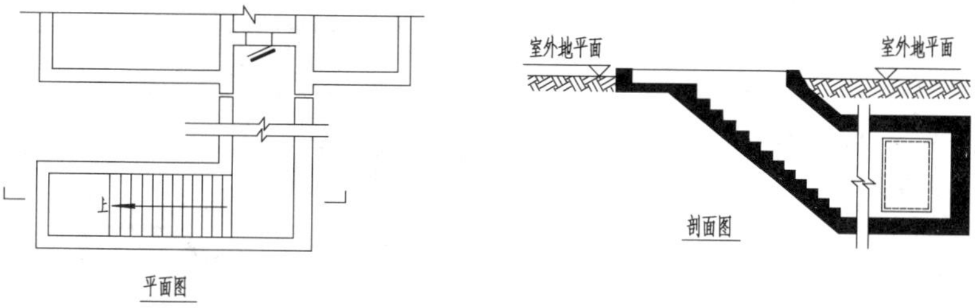

图 5-6 单向式出入口

(3) 穿廊式（如图 5-7）

防护门（防护密闭门）外的通道出入端从两个方向通至地面的出入口。此种出入口的有利方面是进出较方便，不宜被堵塞，可避免炸弹射入，并对防早期核辐射、防热辐射均有利；但占地面积较大，造价较高。指挥工程采用较多，其他工程较少采用。

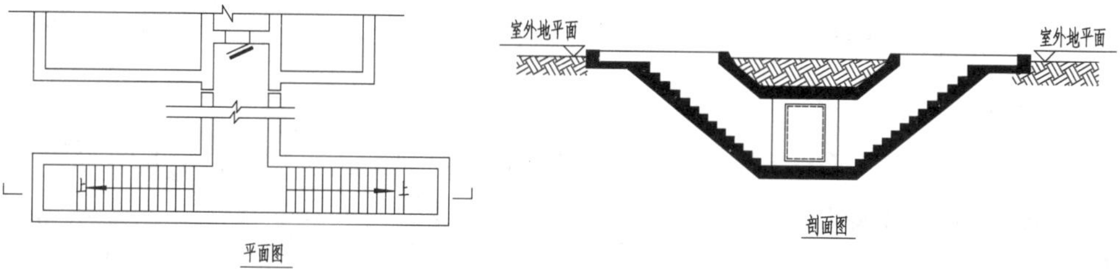

图 5-7 穿廊式出入口

(4) 竖井式（如图 5-8）

防护门（防护密闭门）外的通道出入端从竖井通至地面的出入口。此种出入口的有利方面是占地面积小，造价低，防护门（防护密闭门）上受到的荷载小，防早期核辐射、防热辐射性能好；但进出十分不便。此种出入口一般与通风竖井结合作为备用出入口。

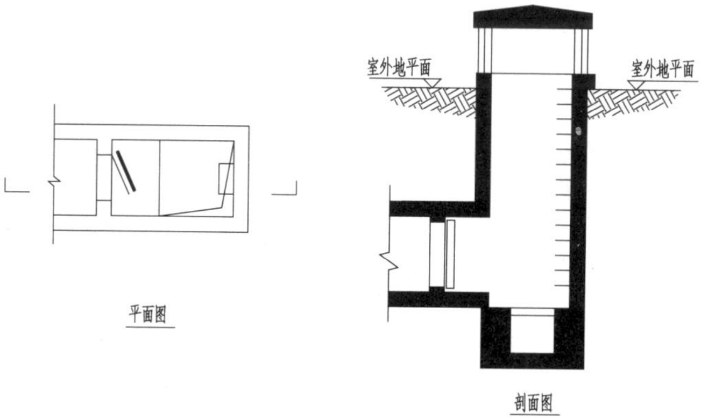

图 5-8 竖井式出入口

(5) 楼梯式（如图 5-9）

防护门（防护密闭门）外的通道出入端从楼梯通至地面的出入口。

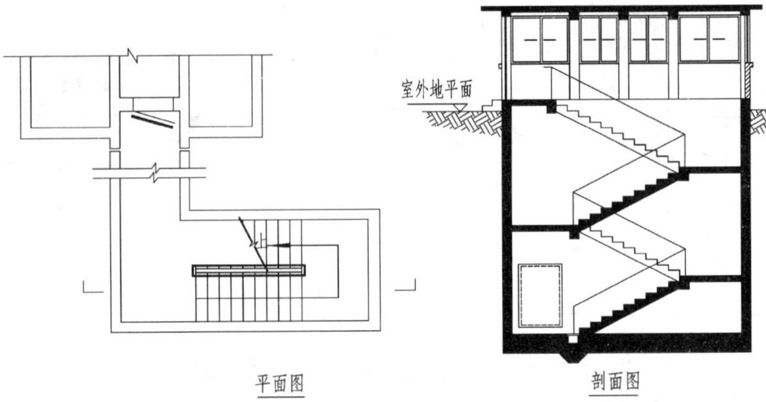

图 5-9 楼梯式出入口

5.2.3 出入口防护设施

(1) 人防门

人防门系指设置在人防工程出入口或战时可间断通风的进、排风口的具有防护功能的门。人防门按功能分有防护门、防护密闭门和密闭门三种；按门扇的数量分有单扇门和双扇门；按门扇的材质分有钢筋混凝土门和钢结构门；按门槛类型分有固定门槛人防门和活门槛人防门（如图 5-10）。

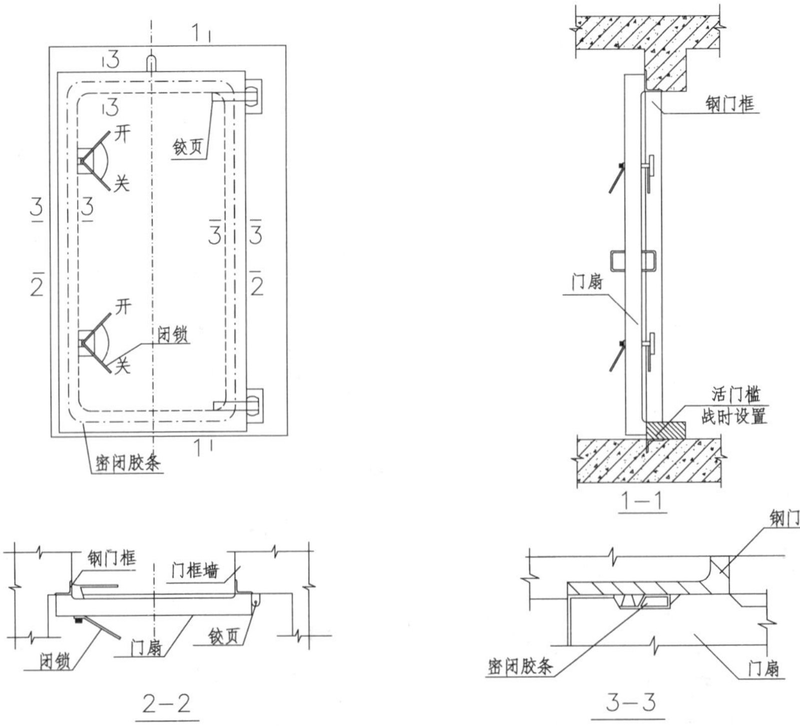

图 5-10 活门槛人防门

1）防护密闭门（防护门）。既能阻挡冲击波，又能阻挡毒剂进入室内的门称为防护密闭门。只能阻挡冲击波的门称防护门。防护密闭门由门扇、门框、铰页、闭锁、密闭胶条等构件组成，防护门无密闭胶条。门扇和门框除具有密闭作用外，还具有阻挡冲击波作用。铰页为门扇转动提供支撑，位于门扇内侧的密闭胶条在压紧状态下使门扇和门框之间形成密封。闭锁在关闭门扇时压紧密闭胶条。闭锁和铰页还具有承受冲击波负压的作用。

2）密闭门。能阻挡毒剂进入室内的门称为密闭门。密闭门的组成与防护密闭门相似，但作用只是阻挡毒剂通过，不具有阻挡冲击波的功能。

（2）人防专用通道

1）密闭通道。密闭通道是由防护密闭门与密闭门之间或两道密闭门之间所构成的（见图 5-11），依靠其密闭隔绝作用阻挡毒剂侵入室内的密闭空间。密闭通道一般设置在设有滤毒通风的人防工程的次要出入口和备用出入口。

①工作原理：由于施工、运输、安装以及使用等多种因素的影响，防护密闭门、密闭门的战时密闭性能有时达不到绝对可靠。为此，对于需要防毒的防空地下室，在其各出入口均需至少设置两道具有密闭性能的人防门，以便提高出入口密闭性能的可靠度。经有关部门试验说明：由于出入口设有密闭通道，即便人防门可能有个别的轻微渗漏现象，在隔绝防护条件下（室内通风超压为零），在隔绝防护时间之内，室外毒剂在通过防护密闭门、密闭通道和密闭门的渗透—稀释—再渗透的过程之后，通常使毒剂浓度下降两个数量级，使进入室内的毒剂一般不超过致伤浓度，从而保障室内人员的安全。

②使用说明：因为密闭通道只是依靠其密闭隔绝作用来实现防止室外毒剂的侵入，在室外染毒条件下，如有人员出入时，密闭通道将无法防止毒剂的侵入。因此，当室外染毒时，密闭通道不允许有人员出入。

2）防毒通道（如图 5-12）。防毒通道是由防护密闭门与密闭门之间或两道密闭门之间所构成的，依靠通风换气和超压排风阻挡毒剂侵入室内的建筑空间。形成防毒通道必须具备在室外染毒条件下具有通风换气条件，即需满足如下两点：

第一，防空地下室设有机械进风系统和滤毒通风设备。在室外染毒情况下，滤毒通风使室内能够维持一定的通风超压。

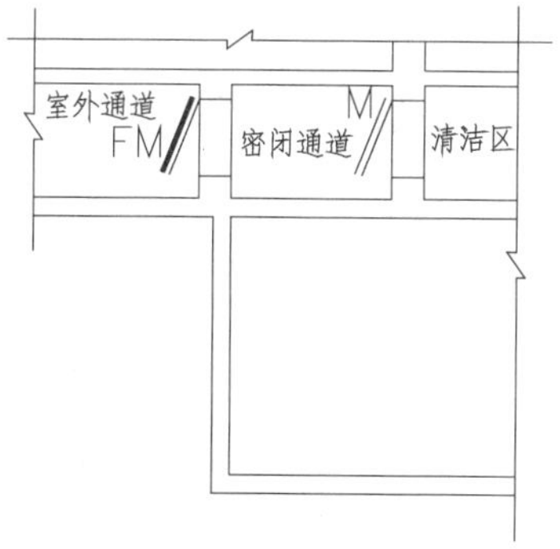

图 5-11 密闭通道

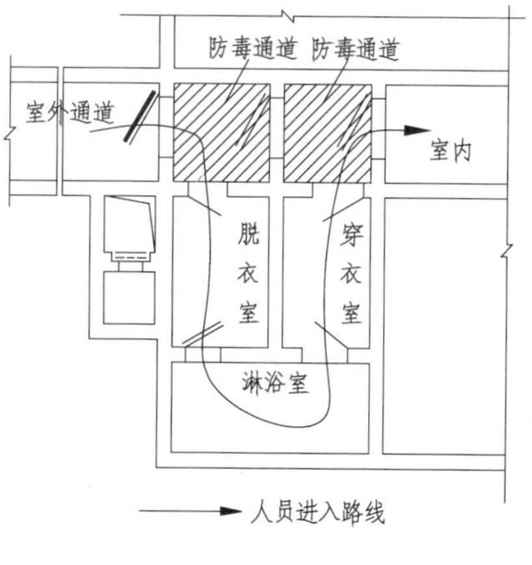

图 5-12 防毒通道和简易洗消间

第二，在防毒通道内设有通风换气设备，在超压排风过程中使防毒通道不断的通风换气，并将污秽空气不断的排至室外。

①工作原理：在室外染毒情况下，人员由室外进入室内，其过程：第一，开启防护密闭门，人员进入防毒通道，开门同时毒剂侵入防毒通道；第二，将防护密闭门关闭后，人员在通道内停留（数分钟）过程中，通过不断地通风换气，使防毒通道内的染毒浓度迅速下降；第三，当通道内染毒浓度下降到非致伤浓度时，方可开启密闭门。由于此时通道内的浓度在非致伤浓度以下，所以开启密闭门也不会污染清洁区，人员可以顺利地进入室内。反之，当室内人员需要到室外时，同样由于防毒通道内不断地通风换气，两道人防门门扇的相继启闭，也不会使室外毒剂侵入室内清洁区。

②使用说明：防毒通道是依靠超压排风和通道内的通风换气，来阻止毒剂侵入室内的。试验证明只要按照使用要求，开关防护密闭门和密闭门，就不会使室外毒剂侵入室内。当室外染毒时，防毒通道允许人员通过。所以，规范规定战时室外染毒情况下，有人员出入的防空地下室，其战时主要出入口要设置防毒通道。

③设置要求：第一，防毒通道是具有通风换气功能的通道，在设计中应注意到，防毒通道的设置应与排风口相结合，并且通道应具备必要的通风换气条件。第二，防毒通道内应设置能满足换气次数要求的通风换气设备，而且在满足使用要求的前提下宜缩小通道容积。对于通道的换气次数，规范中有相应的规定，如二等人员掩蔽所的防毒通道，其换气次数应不少于每小时 30 ~40 次。当主要出入口的防毒通道不止一道时，其中仅要求容积最小的防毒通道应满足换气次数要求。对于一般工程，因受滤毒通风风量和通道换气次数的限制，通常防毒通道的容积不会太大。因此，在确定防空地下室战时主要出入口的尺寸时，一方面要注意满足战时的使用要求，同时还要注意满足换气次数的要求。第三，设置在主要出入口的防毒通道通常与洗消间或简易洗消间配合设置。设置洗消间的出入口要求设置两道防毒通道；设置简易洗消间的出入口可以只设置一道防毒通道。第四，设置在防毒通道内通风管道的布置，应注意尽量避免通道内的通风死角。

（3）洗消间（如图 5-13）

洗消间是战时专供染毒人员通过，并清除全身有害物的通道（房间）。通常由脱衣室、淋浴室和检查穿衣室组成。

1）工作原理：洗消间是用于染毒人员进行全身消毒或清除放射性沾染的专用房间，由脱衣室、淋浴室和检查穿衣室 3 个房间组成。其中，脱衣室是供染毒人员脱去防护服及各种染毒衣物的房间。为防止毒剂和放射性灰尘的扩散，应将脱下的染毒衣物装在塑料袋内，集中密闭存放。因此，脱衣室应有贮存染毒衣物的地方。战时脱衣室污染较严重，为了不影响淋浴人员的安全，规定在淋浴室入口设置一道密闭门。战时虽然可能有个别洗消人员没能完全清洗干净，将微量毒剂带入检查穿衣室，但将会通过通风系统的不断排风换气，将毒剂排到室外。因而在不断通风换气的条件下，虽然在淋浴室

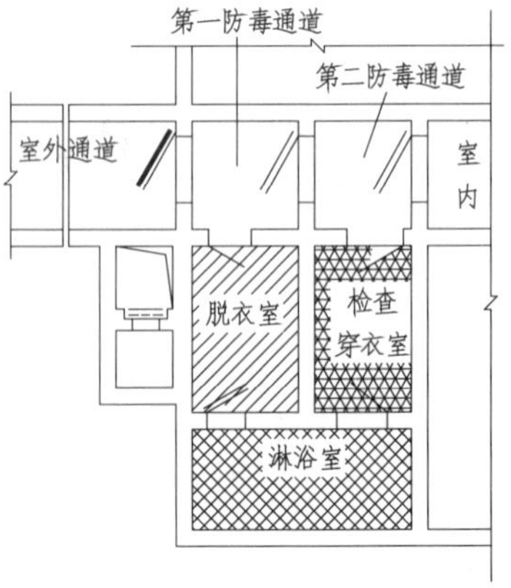

图 5-13 洗消间布置

与检查穿衣室之间只设一道普通门，但也不会污染清洁区。由于脱衣室染毒的可能性很大，所以必须设在染毒区，并且应该考虑使用后能对该室进行清洗的条件。为此要求其墙面、地面均应平整光滑，以利于清洗，而且应该设置地漏。

染毒人员的洗消过程是按如下程序进行的：①开启防护密闭门，人员由室外进入第一防毒通道，关闭防护密闭门；②开启普通门，由第一防毒通道进入脱衣室，关闭普通门，将染毒衣物脱掉，放入衣柜中；③开启密闭门，进入淋浴室，关闭密闭门，通过淋浴清除全身有害物；④开启普通门，进入检查穿衣室，关闭普通门，经过检查洗消合格后，穿上清洁衣服（否则重返淋浴室淋浴）；⑤开启普通门，进入第二防毒通道，关闭普通门；⑥开启密闭门，由第二防毒通道进入室内清洁区，关闭密闭门。总之，人员的洗消（进入）过程是从外向里，而通风是从里向外，正好是逆风而行。所以，人员的“进入”不会使室外毒剂侵入室内。

2）设置要求：①洗消间应设置在防毒通道的一侧。②洗消间应由脱衣室、淋浴室和检查穿衣室组成。脱衣室的入口应设置在第一防毒通道内（设普通门）；脱衣室与淋浴室之间应设置一道密闭门；淋浴室与检查穿衣室之间可设普通门；检查穿衣室的出口应设置在第二防毒通道内（设普通门）。③医疗救护工程的脱衣室、淋浴室和检查穿衣室的使用面积均宜按每一淋浴器 $6m^2$ 计（因需考虑担架的活动范围）；其他工程的脱衣室、淋浴室和检查穿衣室的使用面积均宜按每一淋浴器 $3m^2$ 计。④淋浴器的布置应避免洗消前人员和洗消后人员的足迹交叉。⑤脱衣室与淋浴室、检查穿衣室之间必须设置密闭隔墙。⑥第一防毒通道或脱衣室应与扩散室相邻。⑦洗消间和两道防毒通道的地面应设置地漏。

（4）简易洗消间（如图 5-14）

简易洗消间是供染毒人员清除局部皮肤有害物的房间。简易洗消间宜与防毒通道合并设置，简易洗消区的面积不宜小于 $2m^2$，且其宽度不宜小于 0.6m；当带简易洗消的防毒通道不能满足规定的换气次数要求时，可单独设置简易洗消间，其使用面积不宜小于 $5m^2$。

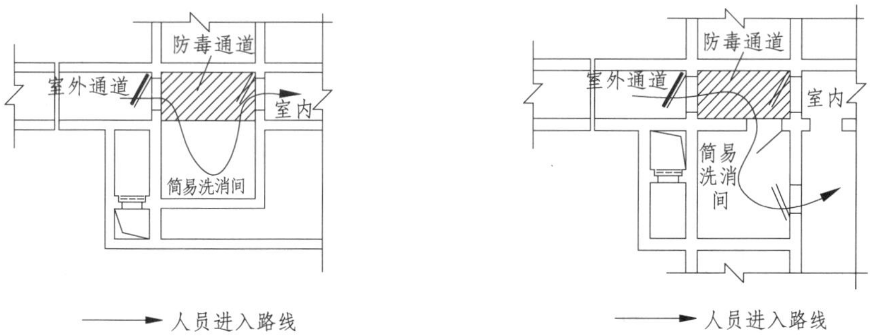

图 5-14 简易洗消间布置

5.3 通风口防护设施

战时通风口的工作状态与出入口有所不同。空袭警报之后，直到解除警报，为了室内的安全，出入口的人防门一直处于关闭状态。但是，为使室内有足够的新鲜空气，通风不能间断，故在空袭警报后通风口仍应处于开启状态；但核爆冲击波一旦到来，通风口又必须及时地关闭，而在冲击波过后又需自动开启，以便继续通风。因此，战时通风口采用的方法必须适应这一特殊要求，其作法与出入口的不同，目前工程中采用的方法是阻挡与扩散相结合的作法，即采用设置以防爆波活门为主的消波系统的办法，达到削弱冲击波压力的目的。

5.3.1 防爆波活门（如图 5-15）

防爆波活门是设置在通风口的用来阻挡冲击波的一种防护设备。它在平时处于开启状态，不影响正常的通风；当冲击波到达时它可以自动关闭，从而将冲击波能量的大部分阻挡在活门以外，只有少部分（或极少部分）能量从活门“漏入”室内。

防空地下室通常采用的防爆波活门是悬板式活门。防爆波活门是通风口消波系统中的第一道消波设备，而且是起着关键性作用的防护设备。悬板式活门可以在进风口、排风口和排烟口安装使用。

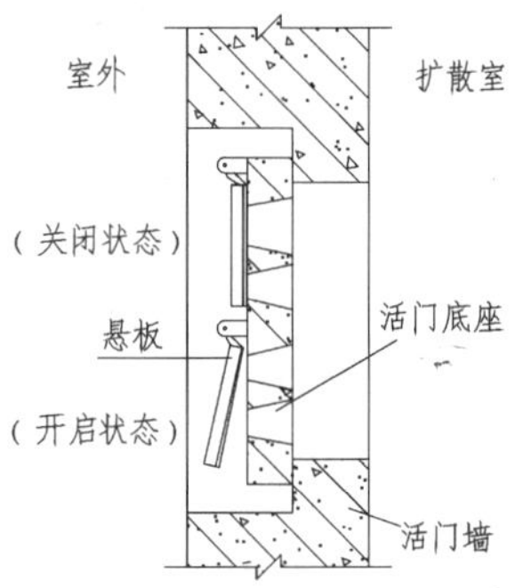

图 5-15 悬板式防爆波活门

（1）工作原理

悬板活门的底座安装在通风口的外端。活门底座上开设有孔洞。底座上的小支架通过铰轴，与一个可以自由摆动的悬板相连接。悬板的板体与其铰耳呈斜向连接。因此，在自重作用下，通常悬板处于开启状态。此时的悬板不影响底座孔洞的正常通风。战时当冲击波到来时，在冲击波压力作用下，悬板与底座处于闭合状态，底座孔洞被覆盖。但因悬板是在冲击波的压力作用下关闭的，由于悬板惯性的影响，其关闭将会滞后于冲击波，使冲击波的部分压力“漏”过去。悬板活门只能阻挡冲击波的大部分能量，在活门后面会形成剩余压力。

（2）安装要求

因为悬板是在冲击波压力的作用下关闭的，冲击波的传播方向能够影响悬板能否及时关闭。因此，为了保证在冲击波到达之时，使活门的悬板能够迅速关闭，要求活门必须嵌入墙内设置，其嵌入深度不应小于 300mm。

5.3.2 扩散室、扩散箱

前面已经说明悬板活门的作用只能削弱冲击波压力，故在悬板活门的后面还会有冲击波的剩余压力存在。由于通风设备的允许压力一般不大，尤其是过滤吸收器，其允许压力只有 0.03MPa。因此活门的剩余压力往往大于通风允许压力。为使通风设备不被剩余压力破坏，需要在悬板活门后设置扩散室（箱），以便进一步削弱剩余压力，使之符合设备允许压力的需要。

（1）扩散室

1）工作原理。能使冲击波中高压气流突然扩散的空间称扩散室。当冲击波由断面较小的管道进入较大并有一定体积的扩散室内时，由于高压气体的扩散、膨胀，使其密度下降，压力降低。扩散室的优点为：构造简单，（用钢筋混凝土构筑）工作可靠。缺点为：占建筑面积大，削波率低，且只适宜于削弱小压力的冲击波。故扩散室一般不单独采用，而将其设于活门之后使用。

2）设计要求。扩散室应该采用钢筋混凝土整体浇筑，并应符合下列要求：

①乙类人防工程扩散室的内部空间尺寸可根据施工要求确定，甲类人防工程扩散室的内部空间尺寸应符合下列规定：第一，扩散室室内横截面净面积（净宽 b_s 与净高 h_s 之积）不宜小于 9 倍悬板活门的通风面积。当有困难时，横截面净面积不得小于 7 倍悬板活门的通风面积。第二，扩散室内净宽与净高之比（b_s/h_s）不宜小于 0.4，且不宜大于 2.5。

第三，扩散室室内净长 l_s 宜满足下式要求：

$$0.5 \leqslant l_s/(b_s \cdot h_s)^{0.5} \leqslant 4.0$$

式中 l_s、b_s、h_s——分别为扩散室室内净长、净宽、净高。

②若通风管与扩散室的连接口设在扩散室侧墙，连接口应设在距后墙面 1/3 扩散室的净长 $l_s/3$ 处（图 5-16a）；若连接口设在后墙上，风管端部应设置弯头，并使端部风管中心线位于距后墙面 1/3 扩散室的净长 $l_s/3$ 处（图 5-16b）。

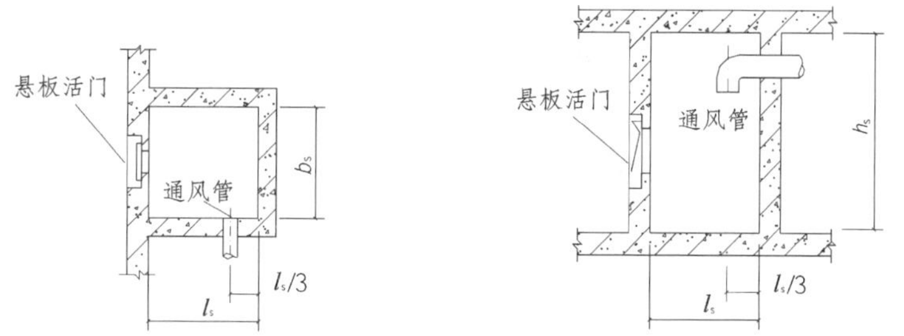

(a)通风管设在侧墙上(平面图)　(b)通风管设在后墙上(剖面图)

图 5-16　扩散室通风管的位置

③扩散室内应设地漏或集水坑。

（2）扩散箱（如图 5-17）

扩散箱是为了简化口部设计，节省空间，方便施工，降低造价，研制而成的用钢板制作的一种消波设备。它可以用于乙类人防工程和 6 级、6B 级甲类人防工程，替代扩散室。

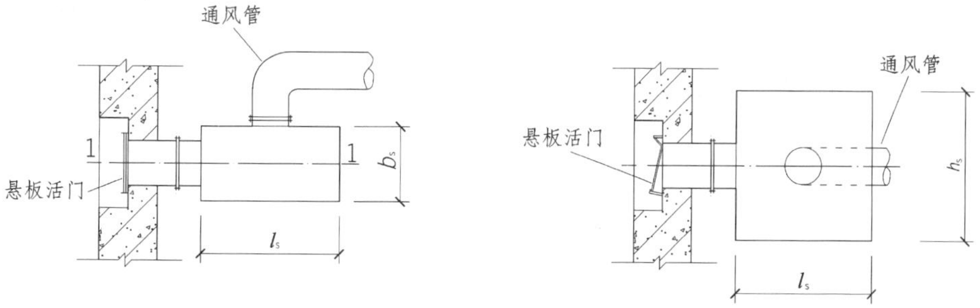

图 5-17　扩散箱

设计要求：扩散箱宜采用钢板制作，钢板厚度不宜小于 3mm，并应满足预定的抗力要求和密闭要求。扩散箱的箱体应设有泄水孔。扩散箱宜采用定型产品。

5.3.3 密闭阀门（如图 5-18）

密闭阀门是安装在通风管道上的能够灵活启闭的一种密闭设备。开启时能保障正常通风；关闭时能够做到密闭隔绝。密闭阀门是人防工程中经常使用的一种定型设备，有手动密闭阀门和手、电动两用密闭阀门两种。

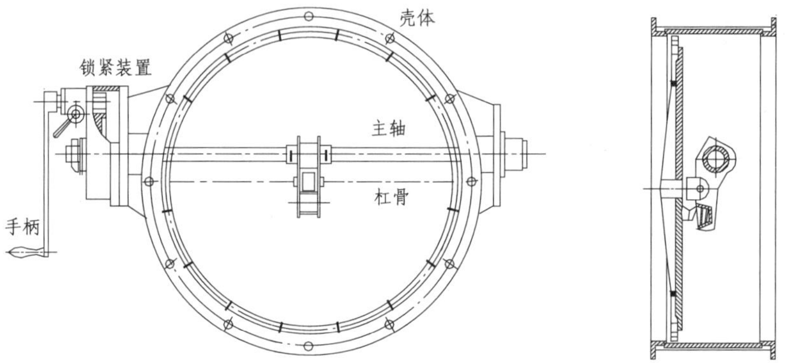

图 5-18 密闭阀门

密闭阀门的用途：

1）隔绝毒剂。用它可以使人防工程的通风系统与室外处于隔绝状态。

2）改变通风方式。人员掩蔽工程的战时通风系统要求设三种通风方式（清洁通风、隔绝通风和滤毒通风）。战时通风方式的改变，就是依靠运用系统中设在不同位置的密闭阀门的启闭来实现的。

5.3.4 过滤吸收器（如图 5-19）

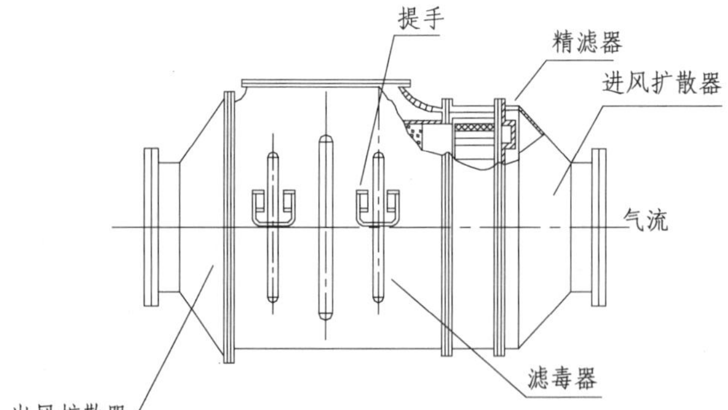

图 5-19 过滤吸收器

过滤吸收器是设置在进风系统中的一种滤毒设备，它是由精滤器和滤毒器两部分组成的。在过滤吸收器中装有滤烟和吸毒材料，能够过滤有害气溶胶的称之为滤烟层（精滤器），滤烟层大多数是采用纤维性滤纸；能够吸附有毒蒸汽的称之为滤毒层（即滤毒器，也称吸收器），滤毒层一般采用催化剂——活性炭。依靠它们的过滤、吸收作用，可将室外染毒空气的染毒浓度降到容许浓度以下。以便在室外染毒情况下为室内人员提供新鲜空气。

5.3.5 自动排气活门、防爆超压排气活门

（1）自动排气活门（图 5-20）

自动排气活门是超压自动排气活门的简称，靠活门两侧空气压差作用自动启闭的具有抗冲击波余压功能的排气活门。由阀座和可自动启闭的阀板组成。自动排气活门是用于超压排风的一种通风设备，能承受 0.05MPa 的余压，目前有 YF 型和 Ps（PD）－D250 两种型号。战时各人防门均处于关闭状态，防空地下室成为一个密闭空间，当其进风系统为机械进风时，室内会形成通风超压，设置在排风系统中的自动排气活门在一定的通风超压的作用下自动排风；当室内超压较小或为零时，排气活门自动关闭，可以避免室外毒剂的侵入。

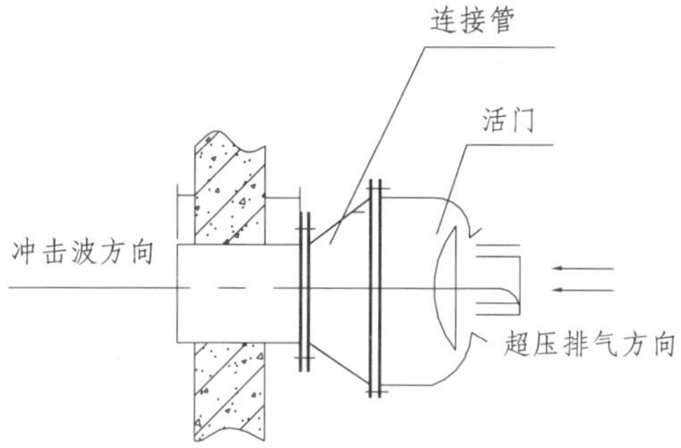

图 5-20 自动排气活门

（2）防爆超压排气活门

防爆超压排气活门的工作原理与自动排气活门的相同，只是活门的阀座和阀板都具有防爆波的性能。防爆超压排气活门能直接承受冲击波（0.3MPa）压力的作用，因此可以安装在低抗力人防工程的临空墙上，代替了排风时的防爆波活门。既可以保障战时的超压排风，又具有防爆波的能力，从而可不另设消波设施。

5.4 水电口防护设施

5.4.1 防爆地漏

防爆地漏是指用于人防工程排水系统，战时能防止冲击波和毒剂等进入人防工程室内的地漏。当防爆地漏处于开启状态时，其作用与普通地漏相同。当防爆地漏处于关闭状态时，地漏的管口被封闭，既能防爆波，又能隔绝密闭。防爆地漏可用于染毒区与清洁区之间，也可用于防护区与非防护区之间。

5.4.2 防护阀门（见图 5-21）

防护阀门是指为防冲击波及核生化战剂由管道进入工程内部而设置的阀门。由于人防工程战时内部有贮水，可以在空袭报警时将给水引管上的防护阀门关闭，截断与外界的连通，防止冲击波及核生化战剂由管道进入工程内部。

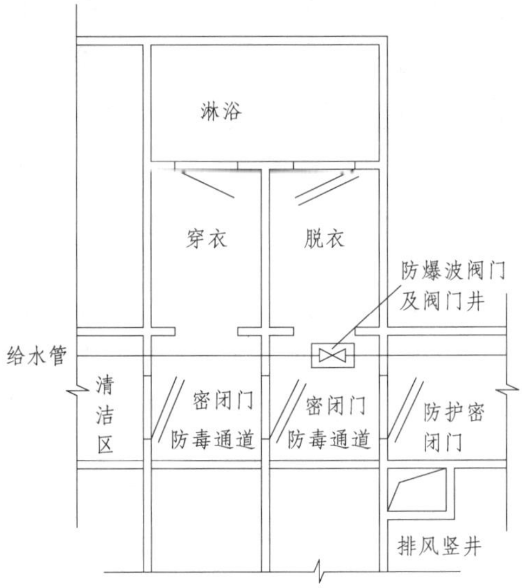

图 5-21　防护阀门

5.4.3　洗消污水集水坑

在遭受空袭的一段时间之后，当室外毒染浓度下降到允许浓度时，为了对主要出入口的通道进行清洗，在主要出入口的防护密闭门之外应设置污水集水坑，以便用来集存洗消出入口通道产生的污水。

5.4.4　防爆波电缆井（见图 5-22）

能防止冲击波沿电缆侵入人防工程内的电缆井。强电和弱电电缆直接由室外地下进、出人防工程时，应防止互相干扰，需分别设置强电、弱电防爆波电缆井，在室外宜紧靠外墙设置防爆波电缆井。由地面建筑上部直接引下至防空地下室内时，可不设置防爆波电缆井，但电缆穿管应采取防护密闭措施。

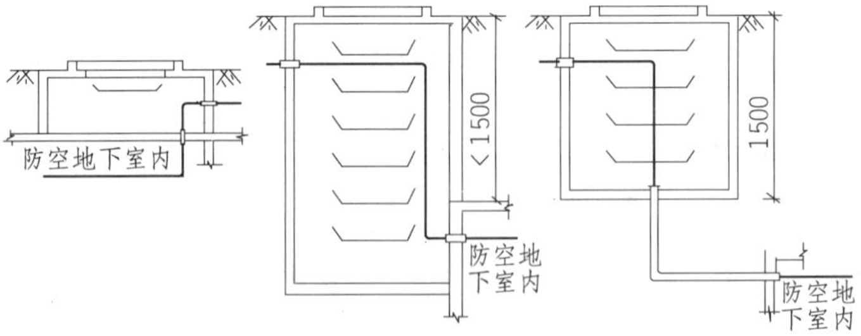

图 5-22　防爆波电缆井

5.5　管道（线）口防护措施

穿过防护密闭墙的通风管、给排水管、电缆管等均应采取可靠的防护密闭措施。通风管道防护密闭措施见图 5-23；给排水管道穿过外墙或临空墙的一般做法见图 5-24，穿过防护单元隔墙的一般做法见图5-25；电缆管穿过外墙或临空墙的一般做法见图5-26，穿过防护单元隔墙的一般做法见图5-27。

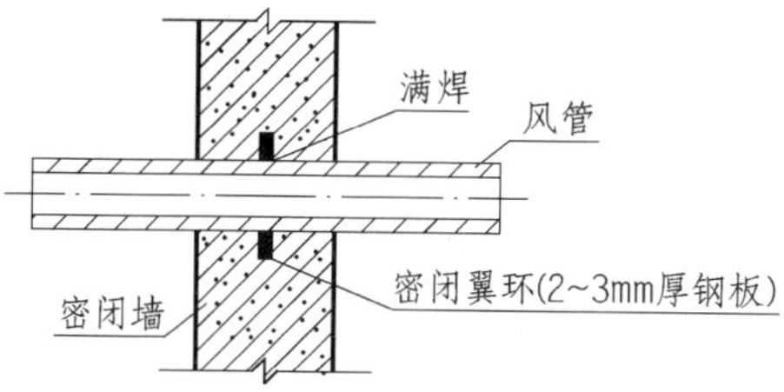

图5-23　风管穿防护密闭墙做法

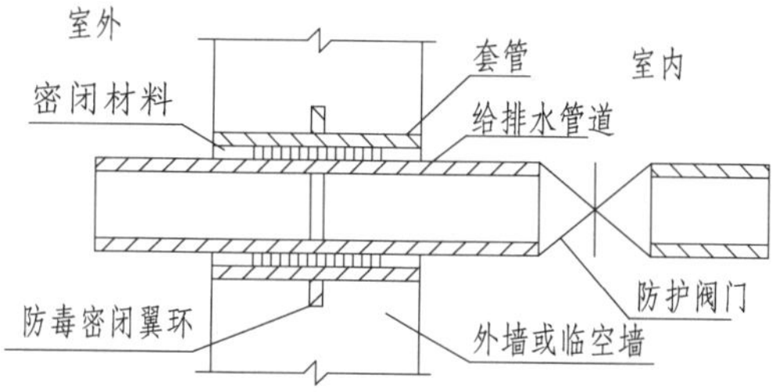

图5-24　给排水管穿外墙或临空墙做法

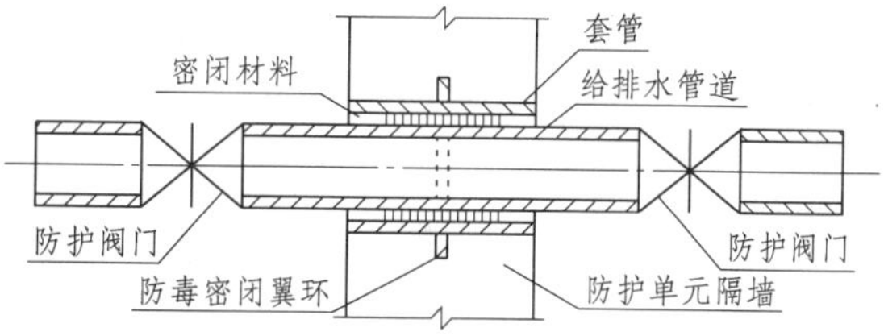

图5-25　给排水管穿防护单元隔墙做法

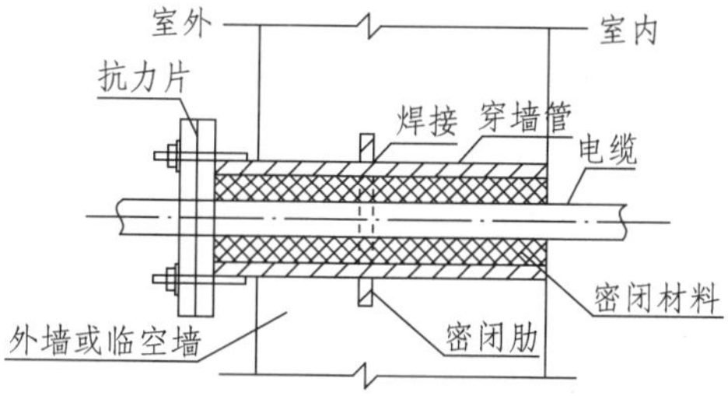

图5-26　电缆管穿外墙或临空墙做法

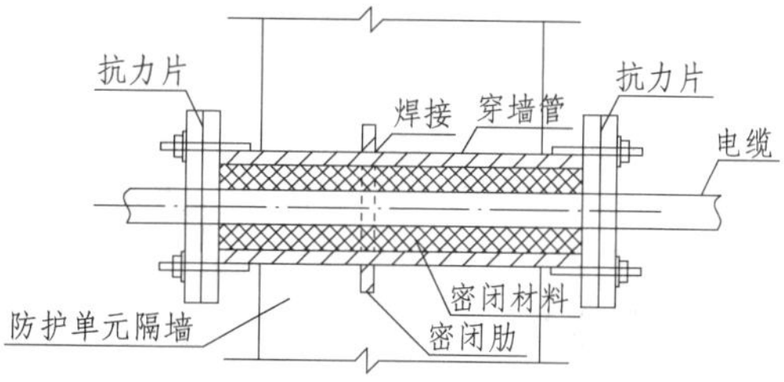

图5-27　电缆管穿防护单元隔墙做法

6 人防工程的内部环境

6.1 通风与空调

6.1.1 人防工程通风、空调系统的组成及作用

由于人防工程埋于地下，围护结构具有很好的封闭性能，其使用离不开通风系统；人防工程属于地下建筑，地下建筑除冬季外工程大部分时间比较潮湿，其使用离不开空调系统；此外，人防工程是战备工程，其通风空调系统在战时应具有一定的防护能力。因此，人防工程通风空调系统是人防工程的重要组成部分，人防工程一旦建成投入使用，就离不开通风空调系统。

（1）进风系统

进风系统的作用是保证从工程外吸入所需的新鲜空气送至空调机房，确保人员的通风换气，并在敌人使用核、化学、生物武器时，防止冲击波的进入，消除空气中的放射性尘埃、毒素、毒烟等物质，确保工程内人员和设备的安全。进风系统由消波装置、除尘、滤毒设备、进风机及其进风管路系统组成。

（2）空气调节系统

空气调节系统主要作用是保证工程内空调房间的空气温度、湿度、清洁度和气流速度，由空气处理设备、送风系统、回风系统组成。

1）空气处理设备。主要对空气进行过滤、热湿处理，保证工程内空调房间的清洁度、温度和湿度，空气处理设备是空气调节系统的核心设备，包括过滤装置、冷热源、空气处理装置。

2）送风系统。主要作用是将空气处理设备处理过的空气，按需要送至各个空调房间，除了满足房间的温度、湿度外，还确保房间的气流均匀，流速适宜。送风系统由送风机、送风管道及送风口组成。

3）回风系统。为了确保送风房间的气流均匀、流速适宜，并达到一定的换气次数，空调系统送风量必须达到一定的数值，也要求空气处理设备具有相同的处理风量，如果直接处理工程外的新风，将要耗费大量的能量，将一部分由送风房间排出的空气回至空调机房与新鲜空气混合，再送至空气处理设备进行处理，这样将可以大大降低处理能耗。使房间排出空气回送至空调机房的设备及管道称为回风系统。

（3）排风系统

排风系统的作用主要有三个：①将工程内的有害气体排出工程，并维持工程内进风和排风的平衡；②使工程超压（工程内的空气压力高于工程外），从而在敌人使用化学、生物武器时，确保工程内空气的安全；③防止冲击波从排风口进入，确保工程内人员和设备的安全。排风系统一般由设在排风房间的排风口、排风机、密闭阀门、洗消间的排风设施（仅适用于有滤毒通风方式的工程）、消波设施、排风竖井以及连接这些设备的管道组成。

6.1.2 防护通风方式

根据工程平时和战时通风系统的使用特点，以及战时可能出现的具体情况，把通风系统

可能出现的工作状态分为两类：

（1）平时通风

工程在和平时期使用或维护管理时的通风称为平时通风。平时通风又分为：

1）维护通风：指工程平时未投入正常使用，内部只留少数人员进行维护管理的情况，根据不同季节工程内外温湿度变化规律，定期运转通风空调设备。

2）正常通风：指工程已投入平时正常使用情况下，为保证工程内人员和设备正常工作的条件所实施的通风。通风与空调设备全部投入工作。

（2）战时通风

人防工程战时通风可分为：

1）清洁式通风：战时当工程外的空气没有被污染，工程内通风系统按清洁式通风进行工作。进风不需进行防放射性尘埃与滤毒处理，工程内人均新风量较多，以保证人员能长期生活与工作。

2）滤毒式通风：当敌人实施核、化学、生物武器攻击时，工程外空气染毒，工程内通风空调系统为滤毒式通风。其进风必须经除尘过滤设备处理，进风量标准相应降低，工程的排风应受限制，需保证工程内有一定的正压，以防止毒剂渗入工程内部，同时保证防毒通道由内向外超压排风。

3）隔绝式通风：在战时，当工程的口部遭破坏而短时期内不能进风时，或因除尘过滤设备失效或超过允许过滤能力时，或未查明毒剂的性质时，应立即关闭进排风管上的密闭阀门与进排风机，停止工程内外的通风换气，使工程内外处于完全隔绝密闭状态。工程内通风空调系统按隔绝式通风工作。为保证工程内空气的温湿度，空调系统仍照常工作，此时全部使用内部再循环空气，必要时利用氧气再生装置和吸收二氧化碳的装置，保证室内空气的含氧量和二氧化碳量。

6.1.3 防护通风技术措施

在人防工程防护通风设计中，主要采用以“挡”为主，“挡、滤、排”相结合的综合技术措施。

挡——在通风系统上设置活门、密闭阀门和密闭穿墙管等措施将核、生、化污染物及冲击波“挡”在工程之外；

滤——在工程内设置除尘和滤毒设备，将进入工程内的外界污染空气进行一定的洁净处理；

排——保证工程内一定的超压并对口部防毒通道和沾染区实施排风换气，将染毒空气“稀释”至安全浓度。

6.2 给水与排水

6.2.1 人防工程给水

（1）人防工程给水水源

人防工程水源一般有两种供水方式：内水源和外水源。

1）内水源。内水源系指设于人防工程清洁区内的水源（井）。内水源应优先采用地下水作为供水水源，并宜采用具有一定防护能力的管井或大口井作为取水构筑物。①管井适用于含水层厚度大于5m，其底板埋藏深度大于15m。井深不宜超过40m。管井及其过滤管、过滤器和沉淀管的设计，应符合现行的供水管井设计规范的有关规定。②大口井适用于含水层厚度在5m左右，其底板埋藏深度小于15m。井深一般不宜大于15m，宜采用大口井反滤层，井壁构造等应符合现行《室外给水设计规范》的有关规定，但井壁强度应满足地下室防护要求。③管井、大口井设计应有防止丰水季节地下水位上升，井水外溢的密闭措施。也应有防止地面污水直接流入管井污染水源的管井井口外围封闭措施。对于小于30m埋藏深度的含水层应注意获取水质有无污染的报告。

2）外水源。外水源一般有三种方式：城市市政给水管网供水、区域供水站供水和自备外水源。①城市市政给水管网供水时，一般由给水引入管进入防空地下室内。战时由贮水箱（池）供水，平时可由城市市政给水管网直接供水。②区域供水站供水系指由几个人防工程共建一个区域水源来供水。一般采用地下水经净化处理后供各人防工程使用。该水源具有一定的防护能力，可以独立设置，也可设置在防护单元内，保障战时供水的水质、水压。但由于以管道输送到各个人防工程，战时有可能管道破坏中断供水。③自备外水源系指具有一定防护能力，为单个防空地下室服务的独立的外水源；或为多个防空工程服务的区域水源。

（2）贮水池（箱）

人防工程应在每个防护单元的清洁区内设置生活用水、饮用水和口部人员、墙、地面洗消用水的贮水池（箱），但宜将饮用水池（箱）单独设置。贮水池（箱）一般采用不锈钢板制成，也可采用装配式镀锌钢板、搪瓷钢板、玻璃钢板水箱。水箱装在基础之上，箱底外面距室内地坪面净高不小于500mm，箱顶面距室内顶板净高不小于600mm。水箱属移动搁置设备，应有防止振动位移的固定措施。

6.2.2 人防工程排水

（1）排水种类

排水系统排出的污、废水主要包括生活污水、设备用废水、洗消污水、消防废水以及口部雨水。

（2）排水系统的类型

排水系统一般按照排出方式分为自流排水系统和机械排水系统。由于城市中人防工程附近的市政下水管道的埋深往往高于人防工程排水管的排出口，因此很难采用自流排水。只有在一些特殊地形条件下（如坑道工程），方有可能采用自流排水，这种排水方式靠重力自流排出，比较简单，造价较低，管理方便。这类排水系统主要包括卫生设备、排水支干管、污水集水池、排出管、防爆防毒化粪池或水封井。它与地面建筑排水系统的差别在于其内部要设污水集水池和排出口要加设防护设施。一般人防工程常用的排水系统多为机械排水系统，也称压力排水系统。与自流排水的主要区别在于所有污水经泵提升后才能排至室外。它主要包括各种卫生设备和其他用水设备、排水支干管、污水集水池、污水泵、排出管、防爆阀门。

（3）污水集水池

1）污水集水池容积 V_p 计算。根据不同的排出方式，可分别采用下列公式计算：

①用污水泵排水：

$$V_p = V_{贮} + V_{调}$$

式中 $V_{贮}$——污水池的贮备容积（m^3），贮存隔绝防护时间内的污、废水。按战时隔绝防护时间内产生的全部生活、生产污废水量的1.25倍计算。当在隔绝防护时间内能连续均匀的向内部供水，又能连续向外排水时，贮备容积可减去隔绝防护时间内向外排出的污水量。

$V_{调}$——污水池的调节容积（m^3）。按现行《建筑给水排水设计规范》GB 50015的规定计算。

②自流排水：

$$V_p = V_{贮}$$

③人工排水时（指空袭后，采用人工方式将污水排出），其所需的贮水池容积：

$$V_p = q \cdot m \cdot T \cdot K/(24 \times 1000)$$

式中 q——战时人员生活用水量（L/人·d）；

m——防空地下室内的掩蔽人数（人）；

K——安全系数，一般取1.25；

T——隔绝防护时间和滤毒通风时间之和（h）。

2）污水贮水池的一般要求：①污水贮水池的贮备容积，平时应有不被占用的措施。在临战时应保证这一空间不被占用，以保证隔绝防护期间应急使用。②上列的水池容积，均未包括格栅、吸水装置、吸水坑和保护高度等所占体积，设计中应根据实际情况进行设计。③污水贮水池的容积，除满足上列有效容积外，在设计中同时还应满足吸水管、冲洗管、进水管、格栅等的设置需要，以及清洗、人员入内检修的要求。

（4）污水抽升设备

1）污水泵：人防工程常用的污水泵是PWL立式污水泵。这种污水泵占用建筑面积较少，维护管理也较方便。

2）在战时如防空地下室没有可靠电源，应同时配备一台手摇泵。手摇泵的管道应与电动泵的管道并连。

3）污水抽升设备应设有备用泵，但在平时可以暂不安装，设计中要说明，在施工应将有关的管道、预埋件等一次安装就位。

4）如采用卧式泵，最好采用自灌式，以保证能迅速启动；在进水管上应设阀门和可挠曲接头；出水管上设阀门、单向阀和可挠曲接头等。

5）污水泵最好采用自动启动。即当水位达到一定高度时，水泵能自动启动，在降至一定位置时，能自动停止。

此外，污水泵房还应设置排风设施，并采取必要的防潮、减振和隔声措施。

6.3 供电与照明

6.3.1 电力负荷

（1）电力负荷的分级

人防工程的电力负荷分级应按平时和战时用电负荷的重要性、供电连续性及中断供电后可能造成的损失或影响程度分级。

1）战时负荷分级。战时电力负荷分级，应符合下列规定：

①一级负荷：第一，中断供电将危及人员生命安全；第二，中断供电将严重影响通信、警报的正常工作；第三，不允许中断供电的重要机械、设备；第四，中断供电将造成人员秩序严重混乱或恐慌。

②二级负荷：第一，中断供电将严重影响医疗救护工程、防空专业队工程、人员掩蔽工程和配套工程的正常工作；第二，中断供电将影响生存环境。

③三级负荷：除上述两款规定外的其他电力负荷。

2）平时负荷分级。人防工程的平时电力负荷分级，应符合地面同类建筑的国家现行标准。

（2）各级负荷的供电要求

1）战时一级负荷的供电要求。战时一级负荷应由两个电源供电，由于战时使用电力系统易受到破坏，它属于不可靠电源，因此应设置附属该工程的内部电源，设柴油发电机组或蓄电池组（EPS、UPS）电源。其中柴油发电机组的电源最安全、最可靠。能保持持续发电，能使人防工程用电得到保障。EPS、UPS电源的特点是电源转换时，能使一级负荷快速切换恢复供电。但供电时间取决于电池的容量，它只能在短时间内发挥作用。工程中应根据一级负荷允许中断供电的时间，确定备用电源采用手动或自动方式投入。对于允许稍长时间（手动切换时间）中断供电的一级负荷，应能在发生任何一种故障且保护装置动作正常时，有一个电源不中断供电；工程设计中不考虑两个电源同时故障，或一个电源正在停电检修，另一个电源又突然故障的情况。

2）战时二级负荷的供电要求。战时二级负荷的设备一般是指常用的进风机、排风机、污水泵、正常照明等，应由两个电源供电，一个是电力系统电源；另一个是内部电源或区域电源。当防空地下室内无内部电源时应引接区域电站电源，当引接区域电站电源仍有困难时，应在防空地下室内设置自备电源。如设置蓄电池组电源、EPS、UPS不间断电源或风机采用脚踏、手摇、电动两用风机，水泵也选用手摇、电动两用泵。或者上述措施组合。

3）战时三级负荷的供电要求。战时三级负荷的设备由于受到内部电源容量的限制，对一般战时可不使用的用电设备如：空调设备、降湿机、一般插座回路、电热设备（洗消间除外）等均由电力系统电源供电。当电力系统电源停电时，设备停止使用。

6.3.2 柴油电站

（1）柴油电站的分类

柴油电站按供电范围可分为区域电站和内部电站；按电站安装方式可分为固定电站和移动电站。

1）区域电站。独立设置或设置在某个人防工程内，能供给多个人防工程电源而设置的柴油电站，并具有与所供人防工程抗力一致的防护功能。

2）内部电站。为某个特定的人防工程供电而设置的柴油电站，有时可兼作区域电站。

3）固定电站。柴油发电机组和控制室分开布置，有独立的通风系统，具有自动控制或隔室控制功能的柴油电站。

4）移动电站。战时具有运输条件，发电机组拖入就位方便，柴油发电机房与控制室合一，有独立的通风系统，就地操作的柴油电站。

（2）人防工程设置柴油电站的要求

1）指挥工程应设置内部电站，并宜兼作区域电站。

2）中心医院、急救医院应设置内部电站，并宜兼作区域电站。

3）单个人防工程建筑面积大于$5000m^2$的，应设置内部电站，并宜兼作区域电站。

4）救护站、防空专业队工程、人员掩蔽工程、配套工程等多个单体人防工程建筑面积之和大于$5000m^2$的，应建区域电站。

6.3.3 人防工程照明

（1）正常照明

正常照明是指防空地下室在平时或战时，为人们正常工作、生活所需的照明。

对于平战结合的人防工程，其平时照度标准按现行《规范》要求“宜参照同类地面建筑照度标准确定”。从地下的工作条件看，正常照明的标准，应略高于地面的同类建筑，但目前尚无确切的科学依据，因此在本条规定中又提出：“需要长期坚持工作和对视觉要求较高的场所，可适当提高照度标准”。故在具体设计中，应结合工程的实际需要和可能，尽量把这项关系到工程全局的工作做好。

对于战时的照度标准，根据现行《规范》给定的设计标准确定。

（2）应急照明和值班照明

1）应急照明。主要包括安全照明、疏散指示照明、通道疏散照明和备用照明。这些特殊照明不仅战时需要，而且在平时也十分重要。如平时作为商场、餐厅和文娱活动场所的公用设施，内部人员多，对环境和出入位置又不熟悉，一旦停电，会造成混乱。在战时，外电源没有保证，因此，在外电源中断时，内部更需要应急照明。

①安全照明：是指设置在一些关键部位、长时间停电会造成重大事故的场所，如医院的手术室、急救室等。这些场所最好能分秒不停，为此现行《规范》规定其自动投入时间不得超过0.5s。

②疏散照明：包括疏散指示照明和疏散照明。现行《规范》要求投入时间不超过15s。在没有正常照明的情况下，用以指示疏散通道、出口位置和疏散通道本身的照明，这种照明应持续的时间和照度标准，现行《规范》都作了明确规定。这是地下建筑不可缺少的一种特殊照明。

2）值班照明。这种照明是专为管理人员设置，只是用在平时的照明，它可以设在正常照明系统中，但要有能单独控制的灯具。

（3）过渡照明

设在出入口段。由于地下建筑和外部的自然光在强度上有很大差别，特别是在白天，内外照度差别极大，人员进出时，眼睛在短时间内很难适应，因此在设计中，应在此段走道内对照明条件作一定的调整，用以缓和内外之间在照明上存在的过大差别。这种过渡照明的具体处理方法，随具体工程中出入口的位置、长短而异，如在防空地下室口部相互交叉设置两组灯具，分别由两组开关控制，白天开两组灯，而夜晚开一组灯，可减少室内外照度过大差别。

7 人防工程智能化系统

7.1 人防工程智能化系统的结构

人防工程智能化系统由人防工程设备管理系统、通信网络系统和办公自动化系统组成（如图7-1），三个子系统通过综合布线系统连接成一个完整的智能化网络，实现人防工程的集成化统一监控。

7.1.1 综合布线系统

综合布线系统是人防工程内部之间的传输网络。它能使人防工程内部的电话、电视、计算机、办公自动化设备、通信网络设备、各种测控设备以及信息等设备之间彼此相连，并能接入外部公共通信网络。换句话说，在一套综合布线系统中，可以传输多种信号，包括语音、数据、视频、监控等信号。

人防工程综合布线系统一般采用星形结构的模块化设计，由工作区子系统、水平区子系统、管理子系统、主干线子系统和设备间子系统构成。工作区子系统由用户终端设备连接至信息插座的器件组成，包括连线和适配器；水平区子系统是连接信息插座和管理子系统间的连接，主要由水平电缆组成；管理子系统主要是实现配线管理，为其他子系统提供手段；主干线子系统提供人防工程的主干电缆的路由，实现主配线架和中间配线架的连接；设备间子系统把中继线交叉处和布线交叉连接处连到应用系统设备上，由设备间的电缆及连接器和相关设备子系统组成。

7.1.2 通信网络系统

通信网络系统是人防工程智能化的“中枢神经”。是保证人防工程内的语音、数据、图像等多种媒体传输的基础，而且必须与人防有线和无线通信网相通，甚至还要与公用电话网、因特网等连接。

通信网络系统一般包括电话通信系统、电缆电视系统、视频会议系统、公共/应急广播系统和计算机局域网等。

7.1.3 办公自动化系统

办公自动化系统可分为通用办公自动化系统和人防信息管理系统。通用办公自动化系统一般包括电子账务、电子邮件、信息发布、信息检索、电子会议、考勤制度以及文字处理、档案管理等。人防信息管理系统主要包括人口疏散系统、重要目标防护系统和人防工程管理信息系统等。

(1) 人口疏散系统

主要包括各区域疏散的比例、对象、路线以及安置等内容。根据现代战争的特点，结合

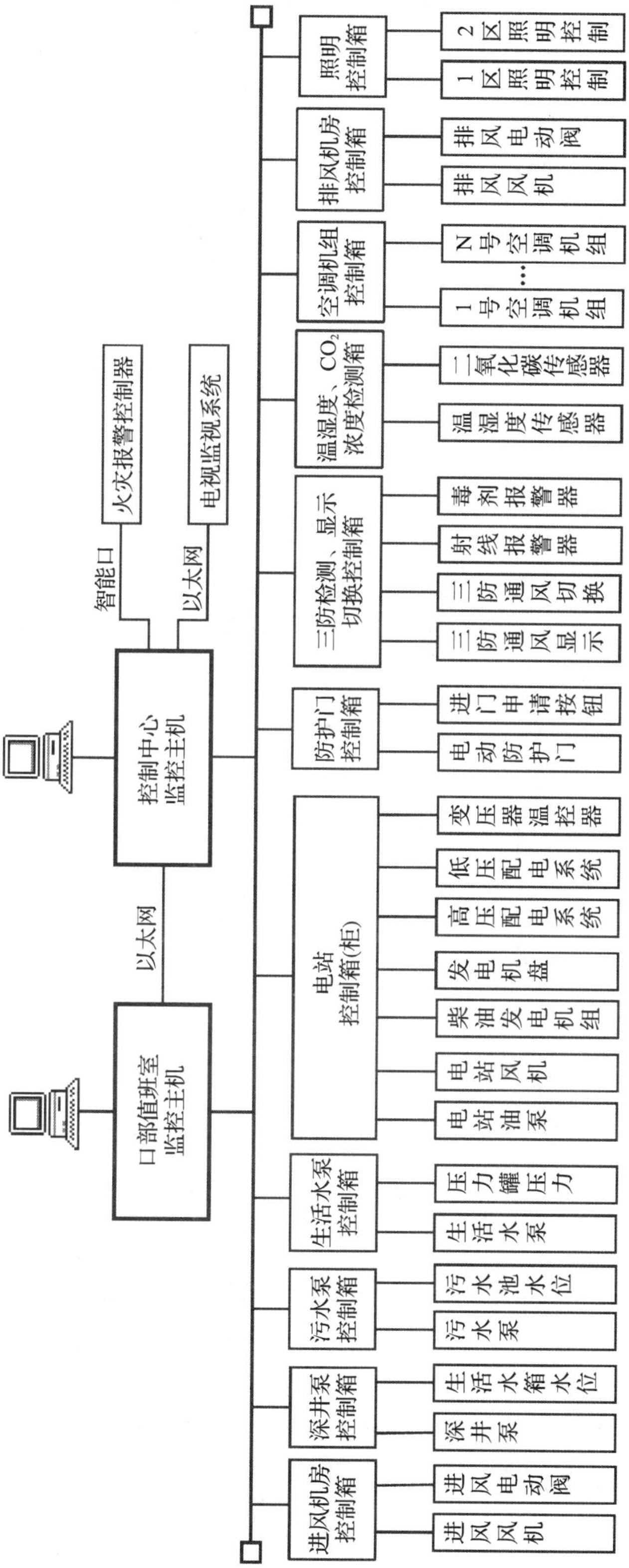

图 7-1 人防工程智能化系统结构

每个城市的具体情况（如战略地位、重要目标、地形地貌、人口密度等），合理确定城市各区域疏散人口的比例。利用计算机仿真技术，模拟战场条件下疏散人口的集结、运输、安置等过程，可以直观地反映人口疏散的组织指挥，供指挥人员决策。

（2）重要目标防护系统

主要包括重要目标的分布、空袭及快速消除后果等内容。根据现代空袭的特点，利用计算机技术，模拟重要目标可能的空袭破坏情况，分析重要目标受袭后产生的次生灾害影响程度，为科学合理地制定重要目标遭袭后的抢险抢修抢救方案服务。

（3）人防工程管理信息系统

人防工程管理信息系统是人防（民防）信息化建设中的一项基础性建设内容，也是人防部门的日常工作。其主要作用是为人防工程提供按照名称、时间、区域、类型、用途、面积等所有相关信息进行查询、统计等功能，并可生成各种报表；为人防工程合理配置提供可视化的数字平台；为警报器建设规划等提供基础性的地理信息和人防专题信息。人防工程管理信息系统结构见图7-2。

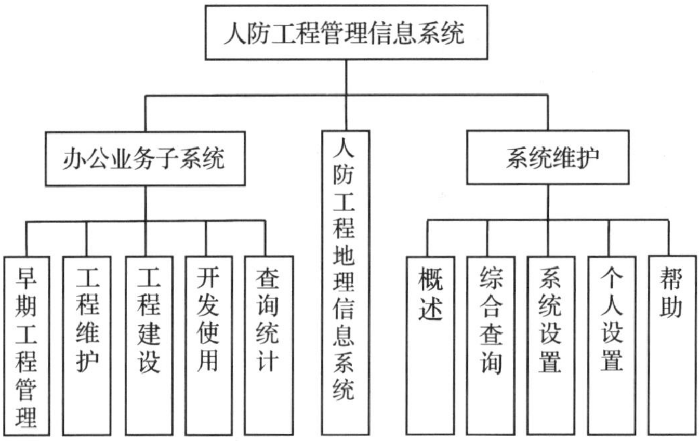

图7-2　系统功能结构图

7.1.4　人防工程设备管理系统

人防工程设备管理系统是采用计算机及网络技术、自动控制技术和通信技术组成的高度自动化的管理系统，包括建筑设备（发电、供电、照明、通风空调、给排水设备）自动化系统、防护设备自动化系统、三防报警信号检测及通风方式自动转换、消防自动化系统。

7.2　人防工程设备自动化和智能化系统

采用智能化监控模块可实现发电、供电、照明、防护门、电动阀、空调机组、口部风机、水泵等人防设备的就地自动控制以及完成人防工程三种通风方式的自动转换等功能。

7.2.1　自动化和智能化的关系

人防工程设备自动化的主要任务是对人防工程设备进行监控，包括：参数检测、状态监测、数据处理，设备顺序控制、联动控制和工程内参数控制等内容。设备智能化管理是将人工智能技术、专业知识和管理操作人员的经验融合在设备的管理系统（管理软件模块）中，使保障既满足要求又达到节能的目的。

（1）设备的“自动化”是“智能化”的基础或前提

自动化解决了设备的启/停控制、参数检测和控制问题，将维护人员从繁重的体力劳动中解放出来，同时为智能化打下基础，没有自动化，智能化就无从谈起，如没有检测室内、外的空气参数，工程过渡季节利用室外新风来减少除湿机的开启时间就难以实现。

（2）智能化是设备自动化的高级阶段和发展必然

自动化系统的计算机具有强大的分析和运算能力，智能化就是充分发挥这一能力，将人工智能技术、专业知识和管理者的经验融入设备的管理系统（软件）中去，在没有增加投资的前提下，充分利用原有的硬件资源，实现设备运行的优化，使设备自动化达到新的层次，这种系统实现了设备专家的脑力劳动。

（3）自动化的实现必须有相应的硬件和软件来支撑

有硬件、软件支撑，并以硬件为主，软件虽然也很复杂，但通常是比较成熟的并已经产品化，如上位机的组态软件、分布式系统的通信软件，下位机参数控制的数字 PID 软件等，因此自动化的实现主要靠弱电工程师和控制工程师。而智能化主要是通过软件来实现，属于系统软件的组成部分——设备管理模块。设备管理模块包括设备运行方案的确定算法和设备维修、维护管理算法两大部分。因此设备管理模块的开发离不开设备工程师和工程管理者的经验。

7.2.2 人防工程设备自动化和智能化系统

（1）设备自动化系统的基本结构

随着电子技术的飞速发展，电子产品的集成度大大提高，大量低价格、高性能的微处理器已经开始广泛应用于参数的检测和设备的控制与管理，随着分布式控制技术的发展，计算机控制已经进入实用阶段。目前我国的人防工程设备自动化系统均是分布式计算机控制系统，分布式控制系统的基本组成是由 1 台上位机和多台下位机组成。

1）下位机，又称现场机。可以由微型计算机、智能仪表、可编程控制器、直接数字控制器或网络控制器组成，每台下位机通常对就近设备进行控制，如除湿机的可编程控制器，可以对除湿压缩机、风机、水泵、冷却塔和电磁阀进行控制，使其完成空气处理的任务。下位机可以独立运行，管理者在现场可对其设定参数和进行设备控制操作。

2）上位机，又称管理机。其功能主要接受所有下位机送来的所检测工程的参数和设备状态，对检测的参数和状态进行存盘、显示、报警、绘制曲线和专业分析等处理；并对下位机进行参数设定和远程控制，进而实现对下位机进行智能化管理。

（2）设备自动化系统中的现场控制

设备的现场控制是设备自动化基础，其实现方式直接控制系统造价、可靠性和可维修性。目前在设备现场计算机控制的实现方式上，通常有两种方式：①用以计算机为核心的控制器对设备进行自动化改造；②设备的机电一体化和强弱电一体化。

1）用以计算机为核心的控制模块对设备进行自动化改造。计算机完成对被控对象的检测和控制，必须通过相应的输入输出通道来实现，为了便于计算机测控的应用，各个生产厂家分别开发出相应具有输入输出通道的功能的模块，从功能上划分主要可以分为下列几种：

①多路数字量（开关量）输入。该模块主要用于采集设备的开关状态或故障情况。其输入只有两种状态，即开关的通和断，为了提高其可靠性及其抗干扰能力，其输入通道和外界通常采用光电隔离和变压器隔离。

②多路模拟量输入。该模块通常用于采集连续变化的物理量，即对参数进行计算机检测，其核心就是模数转换器（A/D 转换器），其性能主要表现在转换精度和转换速度上，转换精度主要取决于 A/D 转换器的位数，通常转换位数有 16 位、12 位、10 位和 8 位，位数越高，转换精度也越高。

③多路数字量（开关量）输出。其输出也只有两种状态，高电平或低电平，通过相应的驱动装置可以控制设备的启动或停止和电磁阀的开启或关闭。

④多路模拟量输出。通过数字量到模拟量的转换器，即 D/A 转换器，将离散的数字量转换成连续变化的模拟量，用来控制连续变化的执行机构如电动调节阀，达到精确控制的目的。

2）设备的机电一体化和强弱电一体化。目前人防工程设备大致可以分为以下三类：

①大型设备的机电一体化。包括制冷空调设备、发电机组、供配电柜等。大型设备的操作比较复杂，专业和技术性较强，因而控制比较复杂。

②防护设备。包括防护（密闭）门、手电动密闭阀门等。大型人防门尤其是用于重点人防工程的人防门，需要采用自动控制的方式。一般有三种方式：就地控制、远程控制和智能控制。就地控制主要是通过安装在门侧的按钮来控制门扇的启/闭动作；远程控制是指操作人员利用远程技术控制门扇的启/闭，并由被动红外传感器、超声波监测仪等设备自动控制门扇的启/闭来保证通行人员的安全；智能控制是指战时只有被确认身份（如磁卡、指纹）的人员才能操作门扇的开启。

③其他设备。包括风机、水泵、电动调节风门、冷却塔和电动阀门等，这些设备本身操作比较简单，控制难度不大，但为了完成保障任务，通常必须和前面两类设备协同配合。

（3）系统集成

集成是对于系统而言的，一般指在一个大系统中，为了整个系统的协调和优化，将相互有联系的各个子系统，通过某种方式和技术结合在一起，充分发挥资源的潜在能力，避免重复设置，降低运行费用，实现科学管理，最大限度地满足用户需要。在人防工程内部设备自动化和智能化中，集成包括三个部分：系统总体设计、设备工作协调和智能化管理。

1）系统设计。计算机控制经历了从集中式控制，到集散控制，到工业现场总线分布式控制历程，其发展趋势是控制的分散化，并且越分越散，这是“智能”下移的必然结果。机电一体化，强弱电一体化的实现，将控制尽量和设备紧密结合，取代原有集中控制柜，不仅可以提高系统工作的可靠性，而且使系统费用大大降低，设计、施工简单，维护维修方便，因此，设计的系统应尽量分散化。

2）设备工作协调。设备的工作协调是系统集成的一个重要内容，主要通过系统上位机软件来实现。人防工程设备系统的某一个功能的实现，并不是一两个设备的动作所能达到的，而是有多个设备共同配合才能完成。如工程的隔绝防护，必须各个设备共同协调才能完成：当工程进入隔绝防护时，必须关闭工程所有的防护门、密闭门、手电动密闭阀门等，同时必须停止进、排风机的工作。此外，工程内空气处理系统，必须控制工程内温度不能大范围的波动，尤其不能大幅降温，因为降温使工程内形成工程负压，导致工程外有毒气体渗入，危害工程内人员的安全，同样道理，排水系统应停止工作。此外，火灾报警和通风的联动等均属于此项内容。

3）智能化管理。人防工程内部设备自动化系统，实现了对工程内参数和设备状态的检测，也可以实现对所有设备的控制，通过系统管理软件，还可以实现设备之间的工作协调，这些已经基本成熟，应成为每个设备自动化系统的基本任务。然而，这仅发挥了系统功能的一小部分，还有许多功能等待开发。管理计算机强大的计算分析能力，可以通过所检测的数据，分析出工程的基本情况，如通过工程内的温度、湿度和 CO_2 浓度以及目前设备的工作状态，可以判别出工程内热、湿负荷及其分布情况；通过工程外空气状况以及和室内的参数比较，可以分析出设备运行最佳方案，达到节能的目的；可以统计出各种设备的运行时间以及维修记录，确定设备的维护保养方案等，以达到提高工程维护管理水平的目标。这个目标的实现，几乎不必增加硬件投资，仅需通过系统软件中相应的智能管理模块来实现，而智能管理模块编写的基础是相应的管理算法。对于人防工程而言，智能管理近期目标就是确定工程的实时热、湿负荷，确定设备的最佳运行方案，达到节能的目的。

7.3 消防自动控制系统

一般认为火灾往往是起火 15～20min 之后才开始蔓延燃烧，因此需要有灵敏的火灾探测与消防监控系统，把探测到的初期火灾及时发出报警，以便采取防火保护措施，如疏散人员、呼叫消防队、启动灭火设备、操作防火门、卷帘到位等。

7.3.1 系统的组成、基本形式

人防工程的消防自动控制系统的组成一般见图 7-3：

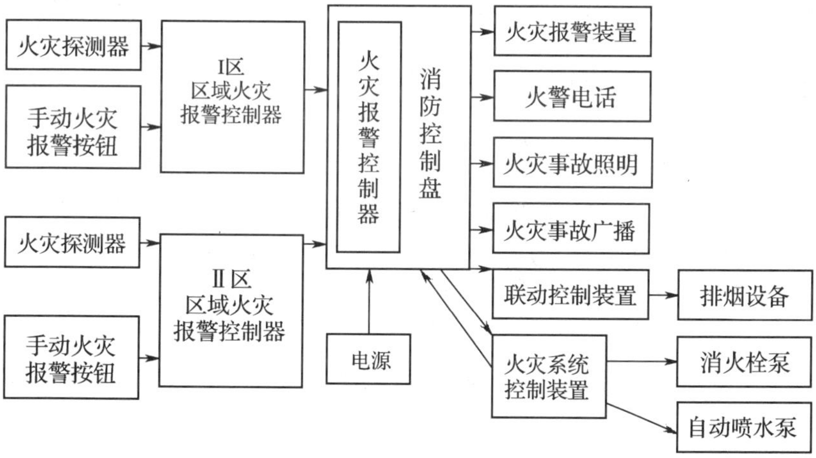

图 7-3 消防自动控制系统

区域防火报警不宜超过一个防火分区，是由火灾探测器与报警设备、区域报警控制器、灭火及防排烟设备组成。区域报警盘安装在各区管理房间。其功能是接到来自本区域的探测器的火警信号后，发出声光报警，并显示火警地点的名称或代号，使值班人员能迅速采取相应措施，同时向消防值班室传输火灾信号。

消防值班室设置有消防监视和控制系统。监控系统的功能主要是监视火情及防排烟设备工作状态，控制防排烟设备、灭火设备、火灾事故照明、疏散广播等设备，管理消防通信设备等。

7.3.2 火灾探测器

火灾探测器是各类火灾报警系统重要组成部件之一，为消防保护取得“前哨”，担负着监视保护区中发生的初期火灾。当火情构成火灾，必然在燃烧过程会产生烟雾、热辐射、光或气体等物理效应，火灾探测器感应到这些物理效应后将其转换成报警电信号传输到火灾报警控制器。

火灾探测器一般由敏感元件、电路、固定部件和外壳等四部分构成。按其能感应到不同的物理效应分为感烟、感温、感光、感应气体和复合式火灾探测器。

目前，在人防工程普遍使用的探测器是离子感烟探测器和感温探测器。光电式探测器使用范围也比较广泛。

（1）离子感烟探测器

离子感烟探测器的主要敏感部件是两个互相串联的电离室：一个叫作检测电离室，结构上做成烟雾离子容易进入的形式；另外一个叫作补偿电离室，做成烟雾离子很难进入，而空气又能缓慢进入的形式。当有火灾发生时，烟雾离子进入检测电离室，使检测电离室的空气等效电阻增加，从而使施加在两个电离室两端分压比发生变化，即检测室的电压增加了一个ΔV。当电压增加到一定值时，开关控制电路动作，发出报警信号，并通过导线将此报警信号传输给报警器，实现火灾自动报警的目的。

（2）感温探测器

感温探测器一般可分为定温探测器、差温探测器和差定温探测器。

1）定温探测器。当火灾发生时，室内局部温度升高，定温探测器就是利用这一特点，对火灾进行探测的一种仪器。目前，应用较多的是双金属型定温探测器。

2）差温探测器。在某些场合，当火灾发生时，室内局部温度将以异常速度升高，差温探测器就是利用这一特点对火灾进行探测的。差温探测器按其工作原理可分为机械式和电子式两种。

3）差定温探测器。差定温探测器是兼有差温和定温报警功能的探测器，若某一功能失效，则另一功能仍起作用，因而大大提高了可靠性。

7.3.3 系统辅助设备

一般常用的有手动火灾报警按钮、警铃、辅助指示装置、中继器、隔离器和水流指示器等。

（1）手动火灾报警按钮

手动火灾报警按钮是用来向火灾报警控制器传输火灾信号的手动开关。在建筑每个报警区域内的每个防火区不得少于1只手动火灾报警按钮，安装位置应设在其防火区内明显和便于操作的场所。

（2）警铃

警铃一般安装在建筑物内公共场所，如走廊等处，属于报警系统的外接负载，一旦其控制回路接通电源，警铃即发出声响报警。

（3）辅助指示装置

辅助指示装置属于火灾报警系统中光中继设备。这类设备常见的有消防控制室内模拟显示器，此显示器可将建筑物内发生的火灾信息，用灯光模拟展现在显示盘上，使消防值班人员及时、准确了解发生火灾地点。此外还有疏散指示灯，引导人们有序疏散离开火场。

（4）中继器和隔离器

中继器和隔离器的功能是把火灾报警系统中各种电信号进行远距离传输、放大或隔离的设备。隔离器在火灾报警系统中用于断开发生局部故障的设备，使系统保持正常工作，当前常用的总线隔离器可使火灾自动报警系统并联于各自总线上的探测源，在其总线发生故障时，能及时切断局部故障点，保证其他部分正常工作。

（5）检测器

检测器包括水流指示器、压力监测器和水位监测器等。其功能是对管网中的水流、消防系统中的水压、水池和水箱中的水位等进行监测，并将监测信号传输到报警控制器。

7.3.4 消防控制

（1）消防控制设备

在火灾自动报警系统中能接收到来自火灾探测器或手动按钮的火灾报警信号、并能自动或手动启动相关消防设备并显示其状态的设备，称消防控制设备。主要包括自动灭火系统的控制装置、室内消火栓系统的控制装置、防排烟系统及空调通风系统的控制装置、常开防火门、防火卷帘的控制装置、火灾应急广播、火灾应急照明、消防通信设备、疏散指示标志等。

（2）系统供电

应采用工程内消防电源作为主电源，采用专用直流蓄电池为备用电源，当直流备用电源与消防系统备用电源合用蓄电池时，火灾自动报警控制器应采用单独的供电回路，合用蓄电池功率应能保证在消防系统处于最大负载时报警控制器也能正常工作。

（3）消防控制室

消防控制室是火灾报警系统的控制和信息中心。在消防控制室集中接收、显示报警信号，控制有关消防设备、设施，并接收、显示其反馈信号。消防控制室一般设置在靠近工程口部的位置，要便于人员疏散。在消防控制室内及附近房间不得布置电磁干扰较强的设备，以免影响消防控制设备正常工作。

7.3.5 自动喷水灭火系统

自动喷水灭火系统是由水源、增压设备、管网系统、喷头、阀门、报警阀及火灾控制系统等组成。系统的喷头以适当的间距和高度安装于建筑物内部。在发生火灾时，喷头自动开启灭火，同时发出报警信号，启动消防水泵抽水灭火。

自动喷水灭火系统是一种固定形式的自动灭火装置。实践证明，其灭火效率高，工作性能稳定，适用于一切可用水扑灭火灾的场所。根据美国国家防火协会的统计资料：平均三个自动喷头即可有效地控制，可扑灭着火点的火灾。在美国纽约市 8000 座装有自动喷水灭火设备建筑物的 1990 次火灾中，其中有 1935 次火灾是被自动喷水灭火设备扑灭的，火灾控制率达 97.2% 。

（1）自动喷水灭火系统的工作原理

人防工程中最常用的是湿式自动喷水灭火系统，对环境温度的要求是不低于 4℃ 和不高于 70℃。平时管道内充满有压力的水，发生火灾时，高温火焰或高温气流使闭式喷头的热敏感元件动作，闭式喷头自动打开喷水灭火。管网中处于静止状态的水发生流动，水流经水流指示器，指示器发出电信号，在报警控制器上显示某一区域已在喷水；不断喷水使湿式报警阀的上部水压低于下部水压，当压力差达到某一值时，压力水将原处于关闭状态的报警阀片冲开，使水流向干管、配水管、喷头；同时压力水通过细管进入报警信号通道，推动水力警铃发出火警声报警。另外，根据水流指示器和压力开关的报警信号或消防水箱的水位信号，控制器能自动启动消防水泵向管网加压供水，达到持续喷水灭火的目的。

（2）自动喷水灭火系统的组件

1）闭式喷头。闭式喷头是自动喷水灭火系统的关键部件，起着探测火事、喷水灭火的重要作用。喷头由喷水口、溅水盘和喷水口堵水支撑等组成。根据系统的应用可将喷头分为闭式喷头、开式喷头、特殊喷头。最常用的是闭式喷头，其上带有热敏感元件和释放机构。正常温度时，喷头呈封闭状态，达到一定温度时，感温元件解体，释放机构自动开启，喷头呈开放状态。因按热敏感元件的不同闭式喷头可分为玻璃球喷头和易熔合金片喷头；根据喷头的安装位置及布水形式又可分为标准型喷头、装饰型喷头、边墙型喷头。开式喷头主要用于水幕系统。开式喷头的喷口无堵水支撑，也无释放机构，喷头呈常开状态。

2）管网系统。在水力报警阀后的供水管上不得连接其他用水设备。闭式自动喷水灭火系统的每个报警阀控制的喷头数不宜超过 800 个。自动喷水灭火系统应采用热镀锌钢管。每根配水支管的管径不得小于 25mm。配水立管宜设在配水干管的中央，配水支管宜在配水管的两侧均匀分布。系统管网内的工作压力应控制在 1.2MPa 以内。

8 人防工程口部设施维护保养

人防工程口部是工程内外联系的必然通道，是工程最易暴露和最易遭敌破坏的部位，是工程防护的最薄弱部位，因而它必然也是人防工程维护的重要部位。口部的维护主要是口外的维护和各种孔口的维护。人防工程孔口包括出入口、通风口、排烟口、给排水口等。出入口防护设施主要有防护门、防护密闭门、密闭门等；通风口、排烟口防护设施主要有防爆波活门、压板式活门、自动排气活门、扩散室、卵（砾）石消波室、除尘器、过滤器、密闭阀门等；给排水口主要有防爆波密闭阀门、防爆波化粪池、水封井等。

8.1 口外土建工程维护

8.1.1 口外接近路的维护

1）每年全面维修养护至少两次，保持路基完好，路面平整。路面出现局部凹坑，应及时采取措施进行加固。

2）对坑道工程口外道路两侧的护坡，应定期巡视检查，发现问题及时处理。

3）口外填土或碴堆平整场地，两侧应设排水沟，并保持水沟畅通。

8.1.2 口外防排水

1）出入口的敞开段与地坪接触的部位应高出地坪 150mm 以上，口部外地坪应保持一定的排水坡度，以防雨水倒灌。

2）通风竖井、排烟井、人员进出竖井等各种井道的挡雨盖板应定期检查，保持完好。

3）保持通风采光窗井内的清洁和排水管道的畅通，经常维护窗井墙及护井设施。

4）排水管沟、截流槽、防爆波化粪池、卵（砾）石消波堆、建筑排水口等各种排水措施保持完好，并经常清理、疏通，防止杂物污泥淤塞。

5）对可能受洪水波及的口部，必须采取防洪措施。平时应构筑排水系统和必要的防洪堤坝，不便构筑时，汛前应采取临时封闭等应急措施，以防倒灌。

8.1.3 伪装

1）人防工程特别是指挥工程应加强口部伪装的维护，每年至少检查一次。

2）坑道工程的主要出入口可修建口部房作为伪装，其建筑风格、色调等应与周围环境协调一致。其他孔口的伪装应以植被为主，并与山体相结合。

3）掘开式工程室外出入口设有坚固棚架或口部房时，其建筑风格、色调等应与周围建筑物相一致。直通地面的进排风口、排烟口等口部的挡雨盖板（帽）顶，宜涂以迷彩或构筑建筑小品。

4）采用迷彩伪装的口部，应定期检查涂料是否老化变色、脱落，并及时刷新。

5）采用植被伪装的口部，要加强对植被的管理，提高伪装效果。

8.2 出入口防护设施维护

8.2.1 维护保养要求

（1）防护门、防护密闭门、密闭门

防护门由门扇、门框、铰页、闭锁装置组成，防护密闭门、密闭门由门扇、门框、铰页、闭锁和密闭胶条组成。

1）门扇、门框：

①钢筋混凝土和钢丝网水泥门扇应轻开轻关，以免碰坏。如局部碰坏，应用高标号水泥砂浆修补，当损坏程度已影响防护能力或密闭性能且不易修复时，应按设计要求及时更换。

②金属门扇表面和钢筋混凝土门扇包边钢框应保持良好的油漆层，如局部漆层剥落，应补涂油漆。一般3～5年应重新涂防锈漆和面漆。受光辐射效应作用的金属门扇的表面，应涂白漆。

③防护门和防护密闭门、防电磁脉冲屏蔽门、立转式门扇等长期处于开启或关闭状态时且门较重时，宜用楔形硬木垫托门扇下部，避免门扇下垂变形，如发现下垂应及时调整。门后宜设置一卡木，以防开门时将手柄、门扇碰坏。

④钢筋混凝土门框应保持完好。如有局部碰坏，可用高标号水泥砂浆修补。钢门框表面的维护按第②条进行。

⑤闭锁盒内应保持清洁，不得有杂物堵塞，以免影响闭锁开关。

2）铰页、闭锁：

①铰页、闭锁及其传动机构的活动部位，添注机油，防止锈蚀，保持灵活。外露金属的表面按照1）中第②条维护。

②采用蜗轮蜗杆、齿轮齿条、杠杆联动的闭锁，每月至少开关一次，以保持良好的工作状态。

③闭锁的定位装置和锁紧螺母应调整适宜，不得过松、过紧。闭锁轴上的密封圈若老化或损坏应及时更换。

④铰页轴、闭锁轴、销轴、垫片（圈）等零件，如有丢失、损坏和严重磨损，应及时配齐或更换。

⑤门轴式铰页的下铰底座内不得有杂物，应保持清洁。

3）密闭胶条：

①密闭胶条应保持清洁，不得沾油、涂漆。为延迟老化宜涂滑石粉。

②防护密闭门、密闭门平时不宜长期关闭，如维护管理需要时，宜关其中一道，并每月轮换开、关一次，以避免密闭胶条失效和门扇变形。

③防护密闭门、密闭门上的密闭胶条，如有局部脱落，应及时粘贴；若老化或损坏，应及时更换。更换的密闭胶条需要剪接时，须采用斜接头，接头处宜平整无明显凹凸。

④密闭胶条的固定应均匀、平整，不得拉长和扭曲。固定方法可先用粘合用胶粘贴，而后加压条用螺钉固定或尼龙铆钉固定。

（2）大型门和电动门

大型门和电动门除按防护门、防护密闭门、密闭门有关条款维修保养外，还应注意下列事项：

1）应设专人维护管理和使用，并备有常用的维修保养器材；

2）门在开、关过程中，如发现闭锁、铰页、碰锁和传动机构有异常现象或发出异常声音时停车检修；

3）电气控制装置按电气设备有关要求维护；

4）电动设备的控制盘（箱），应集中设置在控制室内，不得安装在温湿度不符合要求的通道内；

5）对于关键部位的电器元件，如限位开关、控制按钮以及人员出入的各种安全保护装置，要经常检查有无失控现象，发现问题应及时修复或更换；

6）所有转动部件及油杯中，每年要加注两次润滑油，或更换已变质的油脂。注油时间宜在三月份和九月份进行；

7）8m 以上跨度大型防护门，门扇较长时间（一般超过 30min）处于开启或关闭状态，必须以千斤顶或其他专用设备顶紧，防止门扇结构变形或下垂。门扇开启终止位置，应有缓冲装置，以免产生剧烈碰撞。

8.2.2 故障及其排除

1）门扇开关不灵活，应按下列各项调整：①上下铰页轴不同心，应调整上下铰页座的垫片；②铰页轴与铰页座锈蚀，应除锈清洗、涂油；③门扇下垂，应调整铰页。

2）闭锁开关不灵活，应调整下列各项：①闭锁轴与轴套锈蚀，应除锈清洗、涂油；②闭锁轴端锁紧螺母、定位装置过紧，应调整螺母、弹簧或卡子；③联动闭锁的连杆变形，应调平调直连杆。连接螺母过紧，应调整螺母；④蜗轮蜗杆或齿轮齿条啮合不好，应进行调整。

3）防护密闭门、密闭门关闭后密闭性能差，应调整下列各项：①门扇上的密闭胶条压缩不均匀，应调整闭锁、铰页的垫片（密闭胶条压缩量为 5～7mm）；②钢筋混凝土（钢丝网水泥）门扇与门框的接触面不平整按 8.2.1（1）进行修补；③闭锁轴或联动闭锁座的垫圈不合适，应调整垫圈厚度。

4）防护门关闭后，门扇与门框之间的间隙过大，应及时进行调整。

5）在拆卸、装配零件时，不得用铁锤直接敲打。卸下的零件应按顺序妥善保管，不得丢失。安装时，要按先后顺序进行，保持原来装配位置。

8.3 通风口、排烟口防护设施维护

8.3.1 防爆波活门的维护

（1）防爆波活门的维护保养

1）应有专人负责，经常擦拭活门表面的灰尘、污垢，检查悬摆板的活动情况，观察其与底座板的贴合是否严密。检查方法是：用手轻压（8～10 公斤力）悬摆板看其活动是否灵

活；要求下压时悬摆板与底座板贴合严密，松开后悬摆板自动复位与限位座贴合。

2）各金属外露部分应刷防锈漆和面漆，以防锈蚀；螺栓、螺母、铰面等部件应涂黄油。

3）检查底座和限位座上的橡皮是否老化、脱落。局部脱落用501或502万能胶水粘接，老化的应更换。平时注意橡皮板上不允许有油和漆等物质，可以涂上滑石粉。

（2）活门的修理

1）活门关闭时是否严密的检查方法是：用手轻压悬摆板，使其与底座贴合，在底座的另一侧放置一台工作灯，然后在悬摆板与底座贴合部位查看，若不漏灯光即为合格。

2）活门关闭不严时一般有如下几种原因：①悬摆板不平或变形；②连接悬摆板与底座的铰页使两者之间的间隙过大或过小；③底座上的橡皮板老化或高低不平。修理方法是：若悬摆板不平或变形时，应拆下悬摆板进行校平；若间隙不合适，可在铰页底座下增加或减少垫片来调整间隙；若底座橡皮板老化应更换，高低不平应修理平整。

3）若悬摆板活动不灵活，一般是铰页转动轴有锈或油污，可将铰页清洗干净后加注润滑油。

4）对于门式悬摆活门，其底座为一扇能开关的门。若该门关闭后闭锁装置不能将其关紧或锁不住时，可在闭锁装置轴上增加或减少垫片来调整，调整好后活动部位要加注润滑油。

（3）防爆波活门故障及其排除

1）活门板转动或滑动不灵活，应按下列方法进行排除：①铰页轴与铰页座、导向轴与轴套锈蚀，应除锈清洗和涂油；②悬板式活门的铰页轴不同心，应调整铰页及其垫片；③压板式活门的开启弹簧锈蚀失效，应按设计要求及时更换；④悬板下边缘与限位器卡阻，应调整限位器的位置；⑤胶管活门，按使用说明书排除。

2）活门板关闭后与底座板贴合不严密应按下列方法进行排除：①活门板与底座板的接触面，如有杂物，应将其清除。胶垫隆起、脱落、变形、老化时，应及时修理或更换；②活门板如有变形，应卸下校平。若变形较大，且又无法校正时，应按设计要求及时更换；③铰页座的高度不当，应调整铰页座的垫片厚度。

8.3.2 扩散室的维护

1）扩散室应定期清扫，保持室内清洁，排烟口的扩散室，每半年清除油污烟灰一次。禁止将扩散室当仓库堆放各种杂物；

2）经常检查扩散室内的法兰堵板井是否锈蚀和密封，地漏、排水沟是否畅通，发现问题及时处理，以保证战时洗消水的顺利排除；

3）要保持扩散室内的干燥，对于渗漏水应及时采取有力措施进行堵漏和排除。

8.3.3 滤尘器的维护

（1）LWP型滤尘器与网格式滤尘器安装、使用及维护注意事项

1）滤尘器在运输和清洗时不得挤压和碰摔网层，以免网片变形影响使用；

2）安装时将孔眼大的网层置于空气进入侧，并固定牢靠；

3）在除尘器前后设有测压管并连接在微压计上，使用过程中，当阻力升到终阻力时，应取下滤尘器进行清洗，然后浸油再用；

4）平时维护时，应根据使用情况清洗和浸油，每年至少一次，其方法是：①将金属网从铁壳内框上拆下，用含碱（苏打等）10%、水温为60~70℃的水溶液洗去油污，再用清水冲净晾干，按顺序装入内框后，浸上黏性油（20#或10#机油），待油滴干后，安入滤尘器框架；②战时，当滤尘器达到终阻力时应拆下清洗，方法同上。工程头部的滤尘器在由过滤式通风转换为清洁式通风时，应首先彻底清洗和更换，清洗时人员要戴防毒面具、手套，穿防毒衣，清洗后的水要妥善处理。

（2）泡沫塑料滤尘器安装、使用及维护注意事项

1）安装前应检查滤尘器有无损坏；压板有无脱落和松动；

2）气流进入滤尘器的方向，即带有螺栓压板的一端为含尘空气的入口；

3）使用前，应将泡沫塑料预先浸泡在5%氢氧化钠（NaOH）溶液中3~4h，取出后先用清水冲洗，再用肥皂水揉洗，然后再用清水反复冲洗，以便清除泡沫塑料孔隙间的杂质，降低阻力并去除不良气味；洗净后挂起阴干，即可使用；

4）使用中，当除尘器阻力上升到终阻力时，可将泡沫塑料取下，用4个表压左右的高速自来水里外进行冲洗，并稍许用手揉搓，待灰尘冲净、阴干后安装上再用；除尘器的终阻力还可以根据风机的压头大小适当提高或降低；

5）使用时，应经常检查过滤器与安装架、墙壁等处的密封，有无透气现象，过滤器的安装固定螺栓和螺母应涂干性黄油，以免生锈影响以后拆装；

6）泡沫塑料不能同丙酮、丁酮、醋酸乙酯、四氯化碳、乙醚等有机溶液接触，否则易于膨胀损坏。但不怕汽油、机械油、润滑油、亚麻油和蓖麻油等；怕强酸、强碱，但能耐弱酸、弱碱；在长期日晒下易老化，但在常温下（非日晒）不易老化；

7）泡沫塑料损坏处，可用过氯乙烯和醋酸乙酯混合胶、聚氨酯胶、88号胶等粘接或修补。

（3）纸除尘器安装、使用及维护

1）该设备必须垂直安装，气流为上进下出，不允许倒装和横装。要求连接除尘器前后的通风管必须密闭，不许漏气；

2）安装前必须检查内套筒是否转动灵活，滤纸有否破裂。凡除尘器外壳上有穿孔或大的擦伤（深达30mm）时均不得安装使用。存放五年以上的除尘器必须检查是否失效，否则不可安装；

3）过滤式通风时，当发现通风量下降10%~15%或阻力达到110mmH_2O时，应更换过滤纸胎。拆换步骤如下：①将橡皮密闭袋套在底部更换孔上，旋转内套筒，使底部刮刀将灰尘刮入密封袋内；②将过滤纸胎对准小门，取出纸胎放入密封袋内，装上新的过滤纸胎，封闭小门；③在拆换中，人员应戴防毒面具和橡皮手套，穿防毒衣；装有灰尘和废滤纸的密封袋必须封好袋口，妥善处理。

（4）精滤器安装、使用及维护

1）安装、使用：

①安装前检查扩散器与壳体连接的螺栓是否松动，如有松动应上紧，以保证其密闭性；

②打开空气入口和出口的端盖，气流应按标示的“入口”和“出口”方向流进和流出。立式和卧式安装均可；

③其终阻力不宜超过 70mmH_2O。并应随时测定出口气流中的毒性微粒的浓度；

④如因阻力上升到终阻力数值或其他原因失效后，更换时操作人员应佩戴防护面具和皮肤防护器材。拆换下的失效设备应盖好封死。

2）精滤器的维护：

①除尘器平时应妥善保管，应将精滤器前后密闭阀门关闭，进、出口盖板不得随意打开，使之处于密封状态，以防受潮；

②各种配件（如法兰短管、橡皮套袖、套袖卡箍等）均应放置有序，不得丢失或损坏；

③经常检查外壳及配件是否有锈、掉漆，各种橡皮垫片、套袖是否老化，发现问题及时除锈刷漆或更换橡皮配件，以保证设备处于随时能投入使用的状态；

④除尘室内要保持整洁、干燥、注意防潮。室内不许堆放杂物，以免碰坏设备。

8.3.4 过滤吸收器的维护

（1）使用要求

1）连接过滤吸收器前后的通风管必须密闭，不能漏气；

2）产品备有血压计，用于检验过滤吸收器的气密性。其检查方法是：将血压计一端的橡皮管接在过滤吸收器外壳的接嘴上，旋紧气压阀螺帽，用橡皮球加压到 80mm 汞柱时停止打气，若 5min 内表指针不下降时，则证明气密性符合要求，可以安装使用；

3）凡外壳有大的碰伤、穿孔、擦痕（深达 30mm）时，均不能安装使用；

4）存放五年以上的过滤吸收器，必须经防化部门检查其性能是否失效，方可使用；

5）战时使用时，当发现过滤吸收器的阻力超过 70mmH_2O 时，应拆卸更换。其拆卸步骤如下：①拆掉与三通管连接的过滤吸收器上的支管；②将拆掉的过滤吸收器的进、出口用钢板法兰封好，搬出室外妥善处理；③换上新的过滤吸收器，接好进、出风管道，在拆换时，人员要戴防毒面具、橡皮手套，穿防毒衣。

（2）维护保养

1）平时严禁打开进、出口钢板法兰，以免受潮；

2）过滤吸收器不能与酸碱、消毒剂、发烟剂和各种燃料保管在一起，以免破坏内部材料，使之失效；

3）各种配件（如连接支管、橡皮套袖、套袖卡箍等）均应齐备，放置有序，不许丢失损坏；

4）发现金属表面生锈时，应及时刷漆，各种配件如有损坏，应及时修理；

5）滤毒室内要保持整洁、干燥，注意防潮。

8.3.5 密闭阀门的维护

（1）手动密闭阀门安装、使用及维护

1）安装注意事项：①阀门可安装在水平或垂直的管路上，应保证操作、维修或更换的方便；②安装前应存放在室内干燥处，使阀门板处于关闭位置，橡胶密封面上不允许染有任何油脂物质，以防腐蚀。壳体密封面上必须涂防锈剂；③安装时，应保证阀门受压方向的箭头与所受冲击波方向一致，否则应调整开关指针，使指针位置与阀门板的实际开关位置相符合；要清洁内腔和密封面，不允许有污物附着，未清洁前切不可启闭阀门板。

2）操作注意事项：①旋松紧锁装置手柄；②将旋转手柄按逆时针方向转动，使阀门开启；③旋紧锁紧装置手柄，以防止阀门板受到震动而发生位移或自动关闭；④关闭时按与上述相反的顺序进行；⑤阀门在使用过程中，要求阀门板全开或全闭，不允许做调节风量用（即半开半闭的状态）。

3）故障及排除方法：①密封面漏气。如果杠杆弹簧失效时，应将随带备件及时更换。如果是橡胶密封圈发生老化，会影响密封性能造成泄漏，应随时更换。如果密封面上有油污附着，应立即清除干净。②填料泄漏。如果填料过时或压紧弹簧失效，均应及时更换。如果压紧填料的压盖没压紧，应旋紧螺母。③壳体法兰与焊接管法兰间漏气。如果是因垫片老化，或焊接管法兰不平或有刻痕时均应更换。如果是因螺栓松紧不一时，应对称旋紧。④轴旋转不灵活。如果因轴承内润滑油已干，应及时清洗加注润滑油。如果因填料压得过紧，应稍松动填料压盖上的螺母。

4）维护保养：①擦拭露在外面的阀体、内腔、密封面及各部件之间的油污，经常往油杯中注油，以利润滑和防腐蚀；②每月启动一至二次，活动各转动和传动部位，检查其旋转是否灵活；③经常或定期检查和维修，检查的内容是：密封面橡皮的老化程度，锁紧装置螺丝的螺纹磨损情况，填料是否过时失效，弹簧是否疲劳失效，壳体和阀门表面有否锈蚀等，发现问题及时修理。

5）阀门密闭试压要求：每次进行密闭压力试验时，应达到表 8-1 规定的指标。

表 8-1 阀门密闭指标

规 格	压紧方式	正 面			反 面		
		打压（mmH_2O）	时间（s）	允许下降（%）	打压（mmH_2O）	时间（s）	允许下降（%）
ϕ150	手动锁紧	5000	60	8	500	10	12
ϕ200		200	130	8	100	60	12
ϕ300		50	100	8	50	100	12
ϕ400		30	80	8	30	80	12
ϕ600	电动锁紧	5000	60	10	300	10	15
ϕ800		200	130	10	100	60	15
ϕ1000		50	100	10	50	100	15
ϕ1200		30	80	10	30	80	15
水压强度试验	ϕ150 ~ 400 持续时间 3min；ϕ400 以上阀门持续时间 4min。						

（2）电动、手动两用密闭阀门安装、使用及维护

1）安装注意事项：除手动密闭阀门所要求的各项应做到外，还应注意：①电动机行程开关等电气设备必须存放在通风和清洁的干燥场合，而且不允许与酸、碱、氯等腐蚀性气体共同放置在一起，否则会减低绝缘强度；②安装时，应对减速器和齿式联轴节进行检查，用不含水分的煤油将零件上所涂的防腐油洗去，滚动轴承应用汽油洗净吹干。减速器内应加入清洁的润滑油，注油量要达到螺杆齿面。

2）常见故障及排除方法：除与手动密闭阀门的常见故障及排除方法相同外，对电动、手动两用密闭阀门还有如下故障，即离合器操作不灵活，其排除方法是：①如变速箱内润滑油干燥，应填加润滑油；②如各齿轮及离合器之间的间隙不当，应将变速箱内零件拆下清洗后安装，安装时应调整好间隙，并加注润滑油；③如变速箱内的齿轮、轴、轴套等零件有损坏或磨损严重时，应及时修理或更换。

3）维护保养：①与手动密闭阀门维护保养的全部内容相同；②当采用电动操作时，如发现阀门关闭不严或不能全开和阀门已关死或全开，但行程开关还未动作时，应对电动装置进行调整。关闭位置的调整方法是：第一，旋去螺钉，从行程开关上取下滚子柄；第二，将阀门板置于关闭位置（用手动将阀门关死）；第三，将滚子柄装入行程开关，使滚子柄与限位柄接触，并用螺钉固定。开启位置的调整与上述步骤相同，但需将阀门板置于开启位置；③每年对减速箱及转动部位填加或更换润滑油；④阀门安装后，应定期检查修理。特别是减速器和电气线路应经常查修。

8.3.6 YF型自动排气活门安装、使用及维护

（1）安装注意事项

1）活门可以安装在侧墙上、门上或管道上；

2）活门安装前应存放在室内干燥处，活盘处于关闭的位置，橡皮密封面上不允许染有油脂物质，以防腐蚀，外套密封面上必须涂防锈漆；

3）安装时应考虑工作、拆修方便；活门重锤的位置必须置于超压的一侧，并保证活门外套、杠杆与水平面垂直；

4）活门外套与墙面或管道连接处，应衬垫5mm厚的橡胶板，保证密闭不漏气；

5）安装在侧墙、门及管道上的通风口直径应与活门通风口直径相一致；

6）活门安装时，应先清洁活门外套和密封面，不允许有污物附着，否则不得安装；

7）活门安装时，应旋紧所有螺栓，以防泄漏。

（2）活门的使用

1）使用时，应根据所要求的超压值调整重锤位置，使活门在保证超压值的情况下自动排风。隔绝式通风时，应将绊闩扳下，使偏心轮与杠杆靠紧，将活门关死；

2）使用中，应定期在螺钉、重锤部分涂上工业凡士林，以防氧化；在旋转部分注入润滑油，确保转动自如。

（3）活门的检修

1）密封面漏气：一般是如下原因造成的，如橡胶密封垫圈老化、变形，或因外套密封面锈蚀。这两种情况都会使活门性能发生改变。如过量漏气时，应予以更换。

另外，可能在内腔和密封面有污物堆积不能密封而漏气，应及时予以清理。

2）自锁装置更换：如果偏心轮与绊闩的连接销子失落或松动时，应立即修配，以保证自锁。

（4）活门的维修保养

1）经常擦拭灰尘，定期在螺栓、重锤部位涂黄油，以防锈蚀；

2）检查活门动作是否灵敏，密封面是否密闭，发现问题及时修理；

3）外套等金属部分如有漆脱落应刷漆。注意不要将漆、油一类物质弄到橡皮密封面上；

4）每五年检修一次，对零件进行拆卸清洗，损坏的零件及老化的橡胶垫予以更换。检修后应做密闭试验，即闭锁活门，加压到100mmH_2O在1min内不漏气为合格。

8.4 给排水口防护设施维护

8.4.1 给水阀门井的维护

1）各种用途的给水阀门井每年应检修一次，其项目是：①检查井盖、座，若有缺损或松动，应修理或更换，并除锈刷漆。②检查井体结构是否完整牢靠，若有破损或塌落，应及时修补加固。③检查井内爬梯是否符合要求，若有腐蚀或松动，应更换或加固，钢制爬梯除锈刷漆。④清除井内的积泥和杂物，疏通排水管。

2）对阀门进行维护。

3）阀门井要设地面标志，并有编号或代号。

4）寒区阀门井，应有保温防冻措施。

8.4.2 水封井的维护

1）每年检查维修一次。

2）检查盖板，若有裂损，应予更换。

3）清除井内沉积的污泥，如井内填充有卵石，应全部取出清洗后再放入。

4）对于井内的管道及其他金属件必要时进行除锈刷漆。

8.4.3 防爆波化粪池的维护

1）每年检查维修一次。

2）检修井盖、井座，对铁件除锈刷沥青漆。

3）每3~5年进行一次全面检修，抽空池内污水，清除污泥，检查或更换管道、管件和铁爬梯，并除锈刷漆。

9 人防工程防水堵漏技术

9.1 地下水对人防工程的危害

9.1.1 地下水贮存的几种类型

所有埋藏于地表以下的水，均称为地下水。由于地下水贮存的条件不同，其聚集、运动的过程各不相同，因而，其埋藏条件、分布规律、水动力特征、物理性质、化学成分、运动变化等许多方面也都具有不同的特点。地下水一般有下面几种存在形式：

(1) 毛细管水

它存在于岩（土）体的毛细管孔隙和细小的裂缝之中。该种水受表面张力和重力影响，是一种半自由水。它可以传递水压，但只能垂直运动。

(2) 重力水

当岩（土）体的全部空隙均被水饱和时，其中能在重力作用下自由运动的水，均为重力水。它既可以传递水压，又可以由高水位流向低水位。重力水又可分为三大类：

1）上层滞水。上层滞水是季节性存在于局部隔水层之上的重力水。大气降水或地表水向地下渗透过程中，因受到局部隔水层的阻挡而滞留并聚集在该隔水层之上，便形成上层滞水。滞水具有一定的自由水面和水头，当然也就能产生水压。上层滞水主要靠大气降水和地表水下渗直接补给。

2）潜水。潜水是埋藏于地下第一稳定隔水层之上，具有自由表面的重力水。其自由表面称为潜水面。地表距离潜水面的垂直距离，称为潜水的埋深。潜水面任一点距基准面的绝对标高，称为地下水位。

3）承压水。承压水是充满于上下两个稳定隔水层之间的含水层中的重力水。

9.1.2 地下水对人防工程的危害

由于许多人防工程长期置于地下水的侵害之下，特别是工程往往受到地形条件的限制，地下水很难降到工程底板标高以下。因此，地下水对人防工程的危害作用是相当大的。主要表现有：

(1) 毛细作用

当物质内部存在连通孔隙时，水也会沿着这些孔隙上升。毛细现象是建筑材料中常见的现象，砖墙上的毛细管水可达到一层楼的高度。不仅地下水能被有孔的建筑材料吸收产生毛细作用，潮湿土壤中的水分也能通过毛细作用对建筑物和构筑物产生危害。因此，虽然有的地下建筑物处于地下水位线以上，毛细作用仍然有危害。

毛细水上升高度 h 可用下式计算：

$$h = \frac{2\alpha}{\rho g r}\cos\varphi$$

式中 α——表面张力系数；

ρ——水的密度；

g——重力加速度；

φ——液面湿润边界角；

r——毛细管半径。

从上式可以看出，毛细水上升高度与半径成反比关系。但如果物质是憎水性的，水不能润湿管壁，这时毛细水就不能上升，防水材料一般都具有这种性质。

（2）渗透作用

地下水在土壤孔隙和岩石裂缝中流动，接触到人防工程衬砌结构后，就会沿着衬砌结构的孔隙流动而产生渗透作用，当工程埋深超过地下水位线时，由于水位差的存在，将产生渗透压。地下工程埋得愈深，地下水位愈高，渗透压也愈大。

地下水对人防工程衬砌结构的渗透作用，可按达西（Daecy）线性渗透定律，采用下式计算：

$$Q = K \cdot F \frac{h}{L}$$

式中 Q——渗透量（cm^3/s）；

K——渗透系数（cm/s）；

F——受水压面积（cm^2）；

h——水头高度（cm）；

L——衬砌厚度（cm）。

渗透系数 K 与衬砌的材料有关。一般混凝土的 K 值为 0.0002 ~ 0.002cm/s，结构致密的防水混凝土的 K 值低于 10^{-11}cm/s。大多数情况下，人防工程渗漏水是由于地下水的渗透作用引起的。

（3）侵蚀作用

地下水是一种相当复杂的溶液，常含有溶解性气体、矿物质和有机质，其中已经发现的化学元素有 60 多种，常见的有氯（Cl^-）、硫酸（SO_4^{--}）、重碳酸（HCO_3^-）、碳酸（CO_3^{--}）及钠（Na^+）、钾（K^+）、钙（Ca^{++}）、镁（Mg^{++}）等碱金属和碱土金属离子。溶解的气体有氧、氮、碳酸气，偶尔也有硫化氢、沼气等。这些溶解于水中的物质，使地下水具有多种特性，当浓度达到一定值时，地下水就会侵蚀以致损坏地下工程的衬砌结构中的某些材料，直到结构破坏。

在屋面工程中一般不会碰到这三种有害作用，但在人防工程中则必须认真考虑这三种有害作用，采取有效措施，以防遭到地下水的侵蚀和损坏，所以地下防水必须“综合处理”、“多道防线”。所谓“综合处理”，就是从工程地质、结构、施工等几个方面综合考虑，采取有效的措施。所谓“多道防线”不是指防水的层数愈多愈好，而是要把围岩（掘开式人防工程的回填土）、结构自防水处理及地面采取排水措施等，都看成是防水的防线，以减弱地下水对地下工程的危害。

9.1.3 地下水位变化对人防工程的影响

（1）浮力作用的影响

浸在地下水中的人防工程会受到地下水的浮力作用。尤其是在施工过程中因地下水位骤然上升，浮力增大，工程很容易浮起破坏而出现渗漏水。

（2）潜蚀作用的影响

潜蚀作用可分为机械潜蚀和化学潜蚀两种。机械潜蚀是指土粒在地下水的压力作用下受到冲刷，将细粒冲走，使土的结构破坏形成空穴；化学潜蚀是指地下水溶解土中的易溶成分，使土粒间的结合力和土的结构破坏，土粒被水带走，形成空穴。潜蚀作用掏空地基，致使工程失稳，断裂破坏。因此，防空地下室在采用排出法防水时，要注意防止发生潜蚀作用。在一般情况下，地下室不应依赖机械排水法防水。自流排水的工程，在可能出现潜蚀作用时，应在排水沟、管上设置反滤层，以避免土粒随流水一起排走。

（3）对围护结构耐久性的影响

地下水位在防空地下室埋置范围内变化，使围护结构交替出现湿润和干燥，将降低工程结构材料的耐久性。

9.2 人防工程防水方案

9.2.1 概述

（1）人防工程防水方案的确定

人防工程的防水方案，应根据使用要求，全面考虑地形、地貌、水文地质、工程性质、地震烈度、冻结深度、环境条件、结构形式、施工工艺及材料来源等因素合理确定。

一般人防工程防水应以防为主，防排结合，因地制宜，综合治理。

1）对于没有自流排水条件而处于饱和土层或岩层中的工程可采用下列防水方案：①防水混凝土自防水结构或钢、铸铁管筒管片；②设置附加防水层，采用注浆或其他防水措施。

2）对于没有自流排水条件而处于非饱和土层或岩层中的工程，可采用下列防水方案：①防水混凝土自防水结构，普通混凝土结构或砌体结构；②设置附加防水层或采用注浆或其他防水措施。

对于处于侵蚀性介质中的工程，应采用耐侵蚀防水砂浆、混凝土、卷材或涂料等防水方案。

对受振动作用的工程应采用柔性防水卷材或涂料等防水方案。

对处于冻土层中的工程，当采用混凝土结构时，其混凝土抗冻融循环不得小于100次。

具有自流排水条件的工程，应设自流排水系统。无自流排水条件，有渗漏水或需应急排水的工程，应设机械排水系统。

（2）人防工程防水的标准和等级确定

各类地下工程应根据工程的重要性和使用中对防水的要求确定防水等级。地下工程防水等级，按围护结构允许渗漏水量划分为四级（《地下工程防水技术规范》GB 50108—2001 规定）。人防工程防水等级和设防要求见表9-1。

表 9-1 地下工程防水等级和设防要求

防水等级	一级	二级	三级	四级
标准	不允许渗水，结构表面无湿渍	不允许漏水，结构表面可有少量湿渍	有少量漏水点，不得有线流和漏泥沙，每昼夜漏水量＜0.5L/m^2	有漏水点，不得有线流和漏泥沙，每昼夜漏水量＜2L/m^2
工程名称	医院、餐厅、旅馆、影剧院、商场、金库、粮库、冷库、档案库、通信工程、计算机房、电站控制室、配电间的生产车间、指挥工程、防水要求较高的人员掩蔽工程、铁路旅客站台、行李房、地下铁道车站、城市人行地道	一般生产车间、空调机房、发电机房、燃料库、一般人员掩蔽工程、电气化铁路隧道、寒冷地区铁路隧道、地铁运行区间隧道、城市公路隧道、水泵房	电缆隧道、水下隧道、非电气化铁路隧道、一般公路隧道	取水隧道、污水排放隧道、人防疏散干道、涵洞
设防要求	多道设防，其中必有一道结构自防水，并根据需要可设附加防水层或其他防水措施	二道或多道设防，其中必有一道结构自防水，并根据需要可设附加防水层	一道或二道设防，其中必有一道结构自防水，并根据需要可采用其他防水措施	一道设防，可采用结构自防水或其他防水措施
选材要求	优先选用补偿收缩防水混凝土、厚质高聚物改性沥青卷材。也可用合成高分子卷材、合成高分子涂料、防水砂浆	优先选用补偿收缩防水混凝土、厚质高聚物改性沥青卷材。也可用合成高分子卷材、合成高分子涂料	宜选用结构自防水、高聚物改性沥青卷材、合成高分子卷材、合成高分子涂料	结构自防水、防水砂浆或高聚物改性沥青卷材

（3）人防工程防水的注意事项

1）基坑挖土不宜超挖，一般应预留少量厚度（约 300mm），待底板施工前一次挖清，原则上以不扰动原状土为宜。如有超挖应用 C_{10} 混凝土填平。开挖时地下水位应排降到工程底部 500mm 以下，并保持到回填结束。

2）回填要求：①基坑内杂物应清理干净，无积水。②靠人防工程周围 800mm 以内用灰土、黏土或亚黏土回填，不得含有石块、碎砖、灰渣和有机杂物。回填应对称进行，分层夯实，人工夯实层厚≤300mm。经过分层夯实，取样的表观密度应≥1.5g/cm^3。③工程顶部回填厚度超过500mm时，才允许采用机械碾压。④防水混凝土和附加防水层施工时，应采取防雨措施。⑤新型建筑防水材料必须经质量检验部门检测，符合标准要求才能使用。

9.2.2 刚性防水设计

（1）防水混凝土防水

1）防水混凝土是在普通混凝土的基础上，通过调整配合比或掺外加剂等手段改善混凝土的密实性，使其抗渗等级≥P_6。

2）防水混凝土抗渗等级的确定见表9-2。

表9-2　抗渗等级选用表

工程埋置深度（m）	设计抗渗等级
<10	P_6
10～20	P_8
20～30	P_{10}
30～40	P_{12}

3）防水混凝土结构应符合以下规定：①环境温度≤80℃。②裂缝宽度≤0.2mm，并不得贯通。③侵蚀环境中使用，耐侵蚀系数≥0.8，钢筋保护层厚度为50mm。④不受强烈的震动和冲击。

4）防水混凝土设计要求：①防水混凝土结构的底板混凝土垫层强度等级≥C_{15}，厚度≥100mm，在软弱土层中厚度≥150mm。②防水混凝土结构厚度≥250mm。③迎水面钢筋保护层厚度≥50mm。④防水混凝土宜采用标号不低于425号的普通硅酸盐水泥。⑤变形缝的设置：在建筑物变化较大部位（层数、高度突然变化或荷载相差悬殊），以及土质变化较大或长度较长的结构等情况，均应设置封闭严密的变形缝。变形缝的做法应根据工程所受水压高低、接缝两侧结构相对变形量的大小及环境、温度及水质影响，来选择较合理的防水方案。⑥后浇缝：后浇缝适用于不允许设置柔性变形缝的部位，应待两侧结构主体混凝土干缩变形基本稳定后进行，并应采用补偿收缩混凝土，其强度应高于两侧混凝土，后浇缝应在受力和变形较小的部位，宽度为1m。⑦施工缝：防水混凝土应连续浇筑，尽量少留施工缝，当必须留设施工缝时应符合以下规定：第一，顶板、底板不宜留施工缝，墙体在必须留设时，只准留水平施工缝，并距底板表面以上≥300mm处；拱（板）墙结合的水平施工缝宜留在拱（板）墙接缝线以下150～300mm处。第二，施工缝构造形式按有关详图处理。第三，施工缝应尽量与变形缝结合。第四，在施工缝处可采用多道防线，第一是迎水面抹聚合物防水砂浆，并在其表面粘贴厚质高聚物改性沥青卷材或涂刷厚2mm合成高分子涂料，并采取有效措施进行保护；第二是在施工间断中部嵌贴遇水膨胀橡胶腻子（在混凝土浇捣前）。⑧力求减少穿墙管、预埋件、预留孔槽等设施，设置时应使位置正确，施工简便。严禁后期开凿，在穿墙的孔洞上部500mm和下部300mm以内不得留施工缝。

（2）水泥砂浆防水

1）定义。水泥砂浆防水是通过掺入微量的防水剂或适量的高分子聚合物等材料，来提高水泥砂浆的密实性，以达到抗渗防水的目的。

2）适用范围。水泥砂浆防水仅适用于结构刚度较大、建筑物变形量小、埋入深度不大、对抗渗要求相对较低的工程。

3）不适用范围。水泥砂浆不适用于有剧烈振动、处于侵蚀介质及环境温度大于100℃的工程。

4）设计要求：①水泥选用强度等级大于32.5的普通硅酸盐水泥、膨胀水泥或矿渣硅酸盐水泥。②宜采用中砂。③水应采用不含有害物质的洁净水。④基层须为混凝土或砖石砌体墙面。混凝土强度等级不小于C_{15}，砖石结构的砌筑砂浆强度等级不小于$M_{7.5}$，基层应保持湿润、清洁、平整、坚实、粗糙。⑤聚合物水泥砂浆防水层厚度单层施工宜为6~8mm，双层施工宜为10~12mm，掺外加剂、掺和料等的水泥砂浆防水层厚度宜为18~20mm。

9.2.3 柔性防水设计

(1) 防水卷材防水

1）在人防工程围护结构的迎水面上粘贴防水卷材，起到防水效果的防水做法叫卷材防水。

2）适用范围：石油沥青纸胎卷材不宜用于地下水含矿物油或有机溶液处；也不宜用于表面温度≥40℃处，如确需使用时必须采取有效措施。

3）设计要点：①防水卷材应采用抗菌型的高分子或高聚物改性沥青（非纸胎）类材料，并采用与其相适应配套的胶粘剂，由单项设计确定。②防水卷材应铺贴在整体混凝土或整体水泥砂浆找平层上。③防水卷材应铺贴在主体结构的外表面（外防外贴法），只有在施工条件受限制时卷材可先铺贴在永久性保护墙的表面上，后做主体结构（外防内贴法）。④高分子防水卷材的层数为一层，采用冷贴法或平铺法，沥青类防水卷材的层数按表9-3确定，具体做法由单项设计选定。⑤防水卷材铺贴在转角处和特殊部位，应增贴1~2层附加层。沥青油毡的附加层应采用玻璃布油毡，高分子卷材应采用与卷材相同的材料。⑥防水卷材防水层经检查合格后，应做保护层。保护层采用20mm厚聚苯乙烯板材或高发泡聚氯乙烯板材外贴，或采用膨润土防水板外贴。临时性保护墙应用石灰砂浆砌筑，内表面用石灰砂浆做找平层，并刷水泥浆。

表9-3 沥青类防水卷材层数选用表

最大计算水头（m）	防水卷材所受压力（MPa）	卷材层数	说明
0	0	1~2	防无压水
0~3	0.01~0.05	3	防有压水
3~6	0.05~0.10	4	
6~12	0.10~0.20	5	
>12	0.20~0.50	6	

注：1. 最大计算水头指设计最高水位高于地下室底板下皮的高度。

2. 卷材防水层只能承受垂直均匀分布压力。卷材受压力>0.01MPa时，才能有防水能力；>0.50MPa时，应采取结构防水措施以加强抗压能力。

（2）防水涂料防水

1）在地下工程外表面涂刷一种防水涂料的做法称作防水涂料防水。

2）适用范围：①新建防水混凝土结构做在迎水面作为附加防水层，对已建防水混凝土建筑可做在外围结构内侧，作为补漏措施。②涂料防水层不宜用于地下水土中含有矿物油或有机溶剂的地下环境中。

3）设计要点：①涂料防水层应选用防水、防霉、抗菌、无菌、无毒或低毒、刺激性小的涂料。②处于侵蚀性介质中的涂料防水层应选用具有耐侵蚀性的涂料品种。③对有振动或抗震要求的地下工程，应选用延伸性好的防水涂料，且结构的裂缝宽度应控制在 0.2mm 以内。④防水涂料分为水乳型、反应型、聚合物水泥防水涂料三大类，三种不同类型的防水涂料不应在同一工程的同一部位中混用。⑤水乳型防水涂料的质量指标以《水性沥青基防水涂料》JC 408—91 为标准，具体性能指标见表 9-4。⑥聚合物水泥防水涂料的质量指标以《聚合物水泥防水涂料》JC/T 894—2001 为标准。⑦反应型防水涂料的质量指标目前以《聚氨酯防水涂料》JC 500—92 为标准。具体技术性能指标见表 9-5。⑧工程设计中，应注明选用涂料种类及名称，加筋与否，每 $1m^2$ 涂料用量。⑨涂料的涂刷或喷涂，不得少于两遍，每遍涂料应有限量。每遍涂层厚度按生产厂说明书规定的厚度进行，每遍涂层均应交叉。⑩根据工程的等级、所选防水涂料的品种、地下水位的情况等来确定加筋层数和每 $1m^2$ 涂料用量。具体做法见表 9-6。⑪基层混凝土的抗压强度等级应不小于 C_{10}，表面应清洁、平整。⑫围护结构的基层均不允许有渗水、漏水现象。

表 9-4 水性沥青防水涂料技术性能指标

项目		质量指标			
		AE－1 类		AE－2 类	
		一等品	合格品	一等品	合格品
外观		搅拌后为黑色或黑灰色均质膏体或黏稠体，搅匀和分散在水溶液中无沥青丝	搅拌后为黑色或黑灰色均质膏体或黏稠体，搅匀和分散在水溶液中无明显沥青丝	搅拌后为黑色或蓝褐色均质液体，搅拌棒上不粘附任何颗粒	搅拌后为黑色或蓝褐色均质液体，搅拌棒上不粘附明显颗粒
固体含量不小于（%）		50		43	
延伸性不小于（mm）	无处理	5.5	4.0	6.0	4.5
	处理后	4.0	3.0	4.5	3.5
柔韧性		5±1℃	10±1℃	－15±1℃	－10±1℃
		无裂纹、断裂			
耐热性（℃）		无流淌、起泡和滑动			
粘结性不小于（MPa）		0.20			
不透水性		不渗水			
抗冻性		20 次无开裂			

注：试件参考涂布量与工程施工用量相同：AE－1 类为 $8kg/m^2$，AE－2 类为 $2.5kg/m^2$。

表 9-5 聚氨酯防水涂料技术性能指标

序号	试验项目＼指标要求等级		一等品	合格品
1	拉伸强度（MPa）	无处理	>2.45	>1.65
		加热处理	无处理试验值的 80% ~150%	不小于无处理试验值的 80%
		紫外线处理	无处理试验值的 80% ~150%	不小于无处理试验值的 80%
		碱处理	无处理试验值的 60% ~150%	不小于无处理试验值的 60%
		酸处理	无处理试验值的 80% ~150%	不小于无处理试验值的 80%
2	断裂时的延伸率大于（%）	无处理	450	350
		加热处理	300	200
		紫外线处理	300	200
		碱处理	300	200
		酸处理	300	200
3	加热伸缩率小于（%）	伸长	1	1
		缩短	4	6
4	拉伸时的老化	加热老化	任何试件均无裂缝及变形	
		紫外线老化	任何试件均无裂缝及变形	
5	低温柔性（℃）	无处理	-35 无裂纹	-30 无裂纹
		加热处理	-30 无裂纹	-25 无裂纹
		紫外线处理	-30 无裂纹	-25 无裂纹
		碱处理	-30 无裂纹	-25 无裂纹
		酸处理	-30 无裂纹	-25 无裂纹
6	不透水性（0.3MPa，30min）		不渗漏	
7	固体含量（%）		≥94	
8	适用时间（min）		≥20	
9	涂膜表干时间（h）		≤4	
10	涂膜实干时间（h）		≥12	

表 9-6　常用涂料防水层参考做法表

工艺类型	涂料名称	成品组分	允许施工最低温度（℃）	一般可用涂复方法	涂料性能摘要简介	防无压水做法要求		防静压水做法要求		每遍涂料限量（kg/m^2）
						加筋层数	涂料总耗量（kg/m^2）	加筋层数	涂料总耗量（kg/m^2）	
水乳型	普通乳化沥青	单	3	刷、刮、喷	价廉、材料易得，可在潮湿基面施工，但延伸性差，不抗裂	二层	2.5			0.4～0.5
	再生胶乳沥青	单或双组分	5	刷、刮	能在潮湿基面施工、材料易得，有一定抗裂性和不透水性	二层	2.5	三层	3.5	0.5
	水性石棉厚质沥青	单	10	刷、刮	能在潮湿基面施工，价廉但耗量较大，耐热性好	玻璃网格布一层	8.0			4.0
	阴离子合成胶乳沥青	单	5	刷、刮、喷、滚	可在潮湿基面施工，抗裂性和不透水性优于再生胶乳沥青	一层	2.0	二层	3.5	0.5
	阳离子氯丁胶乳沥青	单	5	刷、刮、喷、滚	可在潮湿基面施工，抗裂性和不透水性优于再生胶乳沥青	一层	2.0	二层	3.5	0.5
溶剂型	再生胶沥青	单	-3～-5	刷、刮	施工温度允许在0℃以下，价格高于水性再生乳胶沥青	二层	3.0	三层	4.5	1.0
反应型	聚氨酯涂膜	双	0	刷、刮、滚	可在较低温度的干基层上施工，防水抗裂性好于一般涂料		2.0		2.5	1.5

9.3 人防工程渗漏水治理

9.3.1 渗漏的原因

人防工程渗漏水的原因涉及到设计、材料、施工等多方面因素。

（1）设计方面

1）地质勘察资料不准确，对地下水的运动规律认识不清，设防不足：①勘察中未发现地下水或认为地下水位低于工程埋置深度，从而设计中未考虑防水措施，仅作防潮处理。由于设防不足，造成工程竣工后渗漏。②勘察时虽明确有地下水，设计中也考虑了防水方案，但由于施工时未出现地下水，中途取消了原设计防水方案。工程建成后由于生产用水和生活用水排放不当或管道漏水，以及大型农田水利工程的建设等原因，土层土质透水性较差的地基水位大幅度上升，导致工程渗漏水，如武汉、太原、齐齐哈尔等工业设施密集的地区，地下水位升高幅度达 1.5～2.0m，有的高达 8m，从而一些未考虑防水措施的工程建成后严重渗漏。

2）忽视了上层滞水和壅水的危害，造成工程渗漏。过去地下工程是否设防，主要根据勘察资料中是否有潜水及承压水来确定，而对上层滞水不予考虑，因此很多工程不采取防水措施仅仅采取防潮措施。由于上层滞水的形成主要靠大气降水及地面水补给，雨季时大量出现，因此工程建成后，经常发生渗漏，这在我国雨量丰富的南方地区尤为突出（强透水性地基除外）。

此外，壅水是在建筑物建成后积存在建筑物的回填土中的水，它和上层滞水一样，对建筑物均具有静水压力，它的存在也是造成工程渗漏水的原因之一，因此设计中均应予以考虑。

上层滞水的存在以及地下水位的变化，对地下工程的防水问题有着极其重要的影响。因此，防水层的设计不仅取决于勘察时有无地下水，而且还必须考虑地下水的变化趋势对地下工程的影响，只有切实掌握地下水发育程度及其变化趋势，才能做好工程防水。根据地下工程防水规范的要求一般防水工程应设防至地面。

3）防水方案选择不当。正确选择防水方案是做好防水工程的先决条件，当采用的防水方案与使用条件及结构特点不相适应时，则将造成工程渗漏水。

①刚度较差的长形构筑物（如地下通廊飞隧道、人防通道等），常长达几十米甚至上百米，设计中一般只取通廊的横断面计算，而纵向均为构造配筋。采用混凝土本体防水时，虽然设置了变形缝，但由于纵向刚度不够，混凝土结构仍难以避免因出现环向裂缝而漏水。

②温度高、温差大的防水工程采用混凝土本体防水未考虑隔热措施，混凝土产生干缩裂缝而出现渗漏。

（2）材料方面

1）材料质量低劣。目前，尚有不少地下工程采用传统的热沥青纸胎防水卷材，这种材料由于脆性大、抗裂性差、低温柔性差、吸水率高，易导致防水失败造成局部慢渗或大面积渗漏。

2）变形缝选材不当。根据工程调查，变形缝选材不妥是地下工程渗漏的一个重要原因，如沥青麻丝或玛琋脂嵌缝的作法，由于材料不能适应变形，沥青易于流淌变脆，施工时不易填嵌密实并不易与结构粘结等，极易造成漏水。

3）穿墙管道密封材料适应变形能力差。管道穿墙孔，一般在管道和预留孔之间采用沥青麻丝填嵌，由于嵌填不密实，材料防水性能差，常出现漏水。对于后凿孔洞，在采用水泥砂浆刚性材料充填空隙时，则由于砂浆与金属管道收缩不一致，也常出现缝隙而造成渗漏。

4）配套材料不过关。近几年虽然开发了很多新型防水材料，但有的配套材料不过关（如三元乙丙片材的粘结剂），不能保证片材之间或片材与基层间的良好粘结，引起封口不严而产生渗漏。

（3）施工方面

1）防水混凝土施工质量差。①防水混凝土配合比在现场施工时配制不准确，特别是水灰比增大，使混凝土收缩大，出现裂缝引起渗漏。②混凝土拌和物中，砂石含泥量大或混入杂物，成为漏水隐患。③模板表面清理不干净，隔离剂涂刷不均匀，接缝不严密，混凝土漏振或少振，特别是地下室外墙与底板处及预埋件周围，出现蜂窝、麻面、孔洞，造成地下室渗漏。④混凝土养护不良造成早期失水严重形成毛细管通路，成为渗水通道。

2）施工缝、变形缝、穿墙管等细部构造留设处理不当。①违反施工规范要求，将施工缝留设在墙体与底板交接处，或虽按规范要求留设了施工缝，但施工缝内未清理干净，新旧混凝土结合未严格进行处理，造成沿施工缝渗漏水。②变形缝止水带定位固定方法不当，位置不准确或浇筑混凝土被挤偏。当止水带扭曲偏斜时不及时纠正以至无法保证止水带位置，使止水带完全失去了止水的作用。③穿墙管道施工不符合要求，穿墙管道的施工应在大面积防水施工前进行或预先留设孔洞，但有些工程往往在防水层施工后再凿眼打洞，导致防水层破坏而引起渗漏。另外，由于穿墙管道未设置止水法兰盘，管道未作认真处理，致使周围混凝土与管道粘结不严，也造成渗漏水。

3）螺栓孔眼未及时封堵。地下室外墙支模板时的对穿螺栓孔或其他孔眼，施工后均应及时封堵，未进行处理或封堵不严均可造成渗漏。

4）混凝土保护层厚度不够。混凝土保护层按规范要求应为2～3.5cm，但施工时往往由于不能保证而出现裂缝，造成渗漏。

5）成品保护不善。购置的防水材料，或已完成的防水层，由于保管不善，施工不慎，造成破坏，且未及时修补而造成渗漏。

9.3.2 渗漏的检查方法

防水工程一旦出现渗漏，不仅影响正常使用，而且影响建筑物的寿命。要堵漏，首先要查漏，找出渗漏的准确部位。

（1）渗漏的种类

1）慢渗。漏水现象不明显，用毛刷或将渗漏处擦干，不能立即发现漏水，经3～5min后，方有湿痕现象，再隔一定时间始有小片集水。

2）快渗。漏水较慢渗明显，用毛刷或干布擦后立即出现湿痕，而且很快就产生集水，顺着墙面或由高处向低处流动。漏水量在 30 ~ 60mL/min 之间。

3）急流。漏水现象明显，形成一股水流，漏水量超过 60mL/min。

4）高压急流。在渗漏处有水柱喷出。

（2）渗漏的部位

地下工程出现渗漏水的主要部位有：

1）变形缝（伸缩缝和沉降缝的总称）渗漏水。

2）施工缝、混凝土裂缝渗漏水。

3）预埋件及穿墙管件处渗漏水。

4）孔洞渗漏水。

（3）找漏方法

1）宏观找漏。通过肉眼观察，直接找出渗漏点。这个方法，适用在漏水集中而较严重的地段，必要时，可以用钢针凿除松动部位，找到真正的水源。

2）毛刷找漏。当用肉眼观察不能分辨漏水孔的位置时，可用毛刷找漏。找漏时，先甩掉毛刷上的浮水，沾吸衬砌（被覆）表面的水珠，在漏水处很快出现亮光，亮光处就是渗漏点。

3）撒水泥粉找漏。在大面积慢渗地段日渗水量较小，用毛刷找漏无效时，可擦干浮水，在渗漏范围的表面撒上一层水泥粉，当干水泥面上呈现潮湿处，即为渗漏点。

4）胶浆找漏。在极轻微的慢渗地段，用以上几种方法无法找出渗漏时，可采用胶浆找漏。找漏时，可在基层上抹一层水泥浆，当发现胶浆表面出现水珠，即为渗漏部位。有时在水泥浆上均匀撒一层干水泥粉，如短时间出现湿点，即为漏水部位。

5）凿槽找漏。当防水工程的转角部位有渗漏时，即要顺水路寻找水源，有时需在结构上凿槽，才能发现漏水孔。

9.3.3 渗漏水治理的原则

1）查找并切断漏水源，尽量使修堵工作在无水状态下进行。

2）在渗漏水状态下进行修堵时，必须尽量减小渗漏水面积，使漏水集中于一点或几点以减少其他部位的渗水压力，保证修堵工作顺利进行。为减小渗漏水面积，首先要认真做好引水工作。引水的原则是把大漏变小漏，线漏变点漏，片漏变孔漏。引水目的是给水留出路，以便进行施工操作，并防止水压力将施工的材料冲坏。

3）对症下药，选择适宜的材料与工艺，做好最后漏水点的封堵工作。

4）刚柔结合，多道设防，这样可以最大限度保证防水工程的施工质量。

9.3.4 渗漏水治理的步骤

根据上述原则，最佳的治理步骤为：疏通漏水的孔洞，引水泄压，在分散低压力渗水面上喷涂速凝材料，以创造无渗水壁面，然后涂抹刚、柔防水材料，最后封堵引水孔洞。这样就可制定出与之相配套的施工程序，即：材料选择——大漏引水——小漏止水——喷涂封水——柔性防水——刚性防水——注浆堵水。

（1）材料选择

选择合理的防水材料，直接关系到防水工程的成败。有些防水工程的治理方案和技术措施均考虑得比较周密，但最终未取得预期效果，问题就出在没有合理选择防水材料。

1）涂料类防水材料。当需治理的渗漏结构面不规整，如阴阳角、穿墙管、预埋件或有特殊要求的直墙面和底板，应当考虑使用涂料类防水材料。

2）嵌缝防水材料。当需治理的渗漏部位有变形要求（沉降缝、变形缝和施工缝），或有特殊要求的部位（如受振动影响的机座、预埋件等），应当考虑使用嵌缝防水材料。这类材料宜优先选择遇水膨胀性嵌缝材料和氯磺化聚乙烯嵌缝密封膏等。

3）防水抹面材料。渗漏部位的结构面规整，且无特殊要求，这时可考虑使用防水抹面材料，这类材料中宜优先选用BR型防水剂防水砂浆和阳离子氯丁胶乳防水砂浆。

4）注浆材料。对集中漏水孔，其漏水量超过60mL/min，或漏水量在30～60mL/min之间的大面积防水，应考虑采用注浆法堵水。从经济和环境污染的角度考虑，应选用水玻璃类注浆材料。

5）速凝胶浆。当集中漏水孔的漏水量在30～60mL/min之间，只需做临时止水处理的部位，可考虑使用速凝水泥胶浆暂时止水。

（2）大漏引水

大漏是指一个孔的漏水量超过60mL/min，而且用一般的快硬水泥胶浆直接封堵难以奏效，在多数情况下采用注浆封水给整个渗漏基面创造卸压条件，这时可采用埋管引水，固结使用速凝水泥胶浆，引水管插入基层的长度越短越好，但要固结牢固，埋好引水管后，可用吸球复吸数次，以使渗漏道保持畅通。

（3）小漏止水

小漏是指一个孔的漏水量在30～60mL/min，而且这类孔的数量较多，若逐个埋管注浆，工作量相当大。对这类漏水可在下道工序（喷涂封水）前2h用快硬水泥胶泥直堵，由于喷涂工艺是大面积喷涂速凝防水材料，因而直接封堵不需要剔槽凿孔，只需将漏水孔冲洗干净即可。

（4）喷涂封水

当每平方米每分钟的渗水量在250mL以下，并且在这范围内的最大渗漏水眼的渗水量不大于30mL/min的渗水基面，此时用喷涂工艺进行封水处理较为有效，可在1～2s内凝胶；对于微量渗水，采用其他防水涂料和抹面材料均可获得满意的效果。

（5）柔性防水

若经上述方法处理后的渗漏水基面，对防振、防变形有一定要求，或者属基面不规整等情况，就需要设置一道柔性防水层。

（6）刚性防水

经过前几道工序处理过的基面，对其中不需设置柔性防水层的地段，则可直接做刚性防水层。涂抹防水砂浆刚性防水层时，要求基面不得有渗漏。

（7）注浆堵漏

注浆防水层做好后，经3～6d的观察，确认没有渗漏现象后，则可进行最后一道注浆工序。注浆的目的是将集束性流动水堵住，并将浆液注入所有的渗漏水通道（指壁内注浆），对于地下建筑物壁内小剂量化学注浆宜采用储能注浆工艺和速凝水玻璃注浆材料。

经过上述七道工序后，整个防水作业即告结束。施工中，各工序不能颠倒，若其中某些工序不需要实施，可直接免掉，将下一道工序提前，但彼此的衔接顺序仍然未变。

9.3.5 渗漏水的引流及止渗方法

（1）渗漏水的类型

工程内部渗漏水的形态各异，根据渗漏程度大致可划分为五种类型：

1）渗迹：构筑物表面呈现色泽变化的潮湿斑；

2）渗水：穿透构筑物竖向流挂的渗水膜；

3）垂珠：悬挂在顶板下面的水珠，滴落间隔时间超过1min；

4）滴漏：水珠滴落间隔时间在1min以内，

5）连续渗流：渗漏成线或涌水状态。

对上述五种类型的渗漏水，应分别采用不同的治理方法；对于滴漏和连续渗流，施工前可采用引流的方法；对于渗迹，可采用止渗的方法，对于渗水和垂珠，则需根据现场的实际情况，或采取引流，或采取止渗，或采取引流和止渗相结合的方法。

（2）引流的方法

1）钻孔引流。在渗漏水部位明显出水点处钻孔，埋设引流管，使渗漏水集中从管中流出。钻孔的孔径应根据以后所用注浆设备的要求而定，孔深不应超过衬砌厚度的2/3。钻孔的数量及布置方式应视渗漏水部位的大小和出水点的多少而定。

2）拉管引流。拉管引流是在过去嵌铁皮槽，埋管等方法的基础上发展起来的引流方法，它具有省料、省时，能适应不同形状渗水缝隙等优点。

拉管引流适用于缝状渗漏水的引流。对漏水缝进行剔缝开槽以后，用一节软管嵌入，盖住漏水缝隙，一边封缝一边拉管，使固结后的封缝材料沿缝口形成一条管道，将水引流。

拉管的管径和开槽的深浅视漏水量确定，施工时应做到以下几点：①管通。拉管后要用手压泵压水检查，发现不适应及时修理，以确保引流和注浆的效果。②不渗。引流时水只能从引流管（即以后的注浆管）中流出，如果从封缝材料表面和它与槽壁结合处流出，则应及时予以封堵。③壁净。应将粘在槽壁上的脏物清除干净，以免影响防水层的施工质量。④面平。拉管封缝材料的表面应比较平整。

3）封堵。无论钻孔引流或拉管引流，均需采用速凝止水材料进行封堵。速凝止水材料品种较多，现将SH外掺剂和M131快速止水剂的性能及配方列在表9-7和表9-8中。

表9-7 SH外掺剂的配比及凝结时间

525普通硅酸盐水泥	95%	90%	85%	80%	75%	70%
SH外掺剂	5%	10%	15%	20%	25%	30%
水灰比	0.4	0.4	0.4	0.4	0.4	0.4
初凝时间	2h30min	4min	2min	90s	60s	50s
终凝时间	3h30min	20min	4min	100s	70s	50s

表 9-8 M131 快速止水剂的配比及凝结时间

525 普通硅酸盐水泥	M131	水	初凝时间	终凝时间
适量	1	2	54s	1min10s
适量	1	4	1min	1min30s
适量	1	6	5min	19min11s

采用 SH 外掺剂时，应先将 SH 外掺剂与水泥按要求的配比重量称取并干拌均匀，而后再加水拌和。当 SH 外掺剂加量较大时，因凝结时间过短，每次加水拌和量不可太多，以免来不及施工造成材料浪费。在用作封缝材料时，可适当掺加一定量的沙子，以免材料凝固后产生开裂。

采用 M131 块速上水剂时，应根据需要的凝结时间先将 M131 快速止水剂与水按规定的配合比混合均匀，而后再与适量的水泥拌和均匀即可使用。如引水口处渗漏水量较大，则可待手感拌和物发热时再迅速地按压在治理部位上。施工时也应注意每次搅拌料不宜过多，应随配随用。

4）不剔槽引流法。对于已建工程，可沿缝每隔一定距离钻孔进行引流。

为了满足内部装修的要求，封缝材料一般由补强浆液（如环氧树脂类浆液）、色粉、白水泥调制而成。由于这些材料不能速凝，因此要求渗漏水能从引流孔中全部导出（缝隙其他部位基本干燥无水），以确保封缝材料的凝结硬化。

不剔槽引流法的具体做法如下：①在缝隙上进行钻孔引流，孔径视漏水量而定，一般不小于 10mm，孔深不超过衬砌厚度的 2/3，对于受力裂缝，一定要在裂缝末梢钻孔，并且骑缝对准裂隙钻入，以释放裂缝末梢的集中应力，使修补后的裂缝不致再延伸发展。②在钻好的孔中插入引流管，将裂缝的渗漏水导出。③用稀释的补强浆液沿缝口涂刷 2～3 遍。④用补强浆液，色粉，白水泥调制成与原面饰同色的嵌缝材料将缝隙封死，对 0.5mm 以下的细裂缝，还要在缝口贴一层自粘胶带。⑤待封缝材料凝结硬化并达到要求强度后，再按预定的方案和顺序进行防水治理施工。

（3）止渗方法

对于渗迹和渗水，由于渗水点多或无明显的渗水点，很难通过引流的方法把渗水引排出来。因此，在治理中常采用刷涂水玻璃水泥和砂浆抹面的方法。

1）刷涂水玻璃水泥止渗法。刷涂水玻璃水泥止渗法是一种快速止水的简便方法，其操作步骤如下：①用干的尾纱团擦干渗水的湿迹；②用普通的低压喷雾器向渗漏部位表面喷洒水玻璃；③在水玻璃基面上立即撒干水泥粉，并用干的尾纱团改均匀（多余的水泥粉扫去）；④经过上述操作后慢渗部位一般都会止渗，如还有渗水，重复上述步骤操作一遍；⑤止渗后应及时按预定方案进行防水治理施工。

2）砂浆抹面法。砂浆抹面法的操作步骤如下：①剔除原有松散、起鼓的面层，刷洗掉溶出物的斑迹，而后在其上涂抹 10mm 厚的快凝防水砂浆。②砂浆抹面的某些部位在终凝前会被渗水突破，使结构体内的渗漏水孔道显现出来，因此可以在这些部位上钻孔引流。如某个部位第一次钻孔没有触及渗水孔道，可换一个方向或挪一个孔位进行钻孔，直到将渗水从引流孔中引出为止。③将引流孔周围的砂浆剔除少许，插入塑料软管，用速凝砂浆将软管封固，将渗水从塑料软管中引出。④待防水砂浆达到所需的强度后，即可按原先预定的防水方案进行治理施工。

9.4 关键部位防水堵漏的方案和技术

根据地下工程渗漏水的各种不同情况，可制定多种防水堵漏方案进行试验比较，最后确定最佳方案。防水堵漏是以止水防水为目的，使工程消除水患，提高建筑物的使用寿命。后期的防水堵漏方案和早期的防水设计有着一定的区别：从时间上讲，早期的防水设计是在工程施工前进行的；后期的防水堵漏措施是在工程竣工后期进行的。从方法上讲，早期的防水设计是采用“防排并重”的原则；后期的防水堵漏措施是“以堵为主，排水为辅”的原则。防水堵漏方案的实施效果是设计方案、选用材料、施工工艺及机具等多方面因素系统组合的具体体现。

本节主要介绍变形缝、施工缝、穿埋管及孔洞等的防水堵漏方案和技术。

9.4.1 变形缝渗漏水防水堵漏方案

地下工程变形缝是伸缩缝和沉降缝的总称，是极易产生渗漏的部位。多少年来地下工程变形缝渗漏治理一直是维修中的一大难点。通常变形缝部位只要出现一个渗漏点，就说明预埋止水带失效，必须做整体封缝处理。如只对变形缝局部堵漏就会产生其他部位的串水而导致堵漏工作的失败。变形缝的作用主要是为了适应工程结构的不断伸缩、沉降、位移的变形而不产生结构的损坏。为了适应变形缝上述变化的需要，应制定“新优材料、刚柔结合、多道防线、综合整治”的防水堵漏原则。地下工程变形缝渗漏水治理一般是在衬砌后的地下工程内部进行，这样就必须在有水的情况下堵漏施工，工程内部空间的湿度很大，有时需要穿着高筒雨鞋工作，大大增加了工作的难度。对于地下工程变形缝漏水治理应采用如图9-1～图9-3所示三种防水堵漏方案。

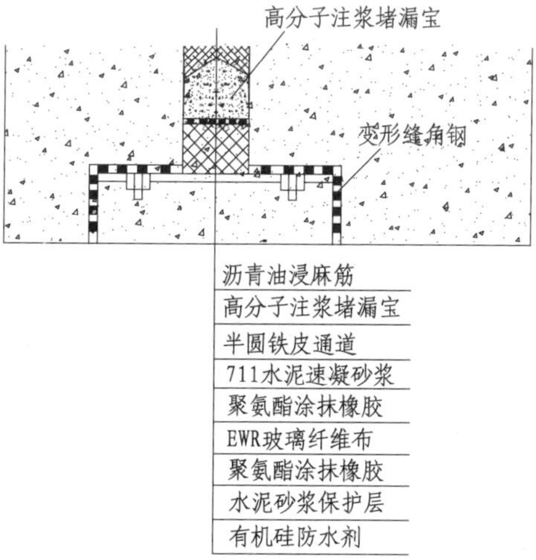

图9-1 二柔三刚防水堵漏方案（变形缝）

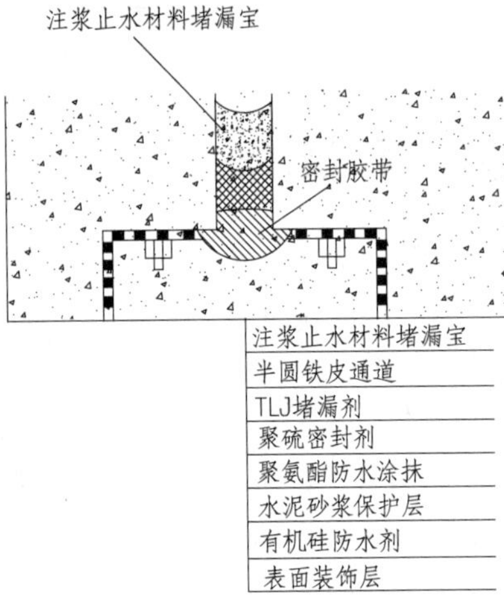

图 9-2 三柔二刚防水堵漏方案（变形缝）

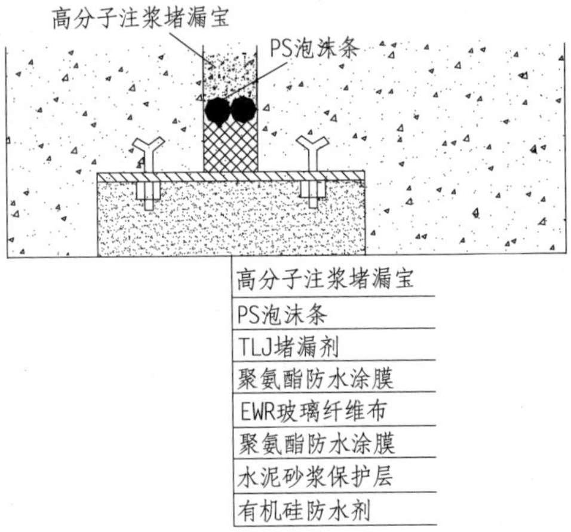

图 9-3 PE 泡沫条注浆堵漏方案（变形缝）

9.4.2 施工缝、混凝土裂缝渗漏水防水堵漏方案

由于施工缝位于施工接茬处，如处理不好就很容易产生渗漏水，因此最好不留或少留施工缝，但由于受到支模及施工条件的限制，混凝土一次浇灌完成时只得留设施工缝。目前国外施工缝在防水处理上大都采用止水带，并采用多层防水措施。我国由于各方面因素限制，特别是受经济条件的限制，在施工缝防水处理上还很少采用止水带，采用钢板止水的也不太多，一般都采用楔口缝、平口缝或阶梯缝刚性接茬处理，因此很容易产生渗漏水。施工缝常规留置方法见图 9-4。

混凝土裂缝渗漏水情况主要发生在混凝土强度等级较低或剪力与弯矩最大处部位。

地下工程施工缝、混凝土裂缝漏水治理，可采用如图 9-5 和图 9-6 所示两种施工缝及混凝土裂缝防水堵漏方案。

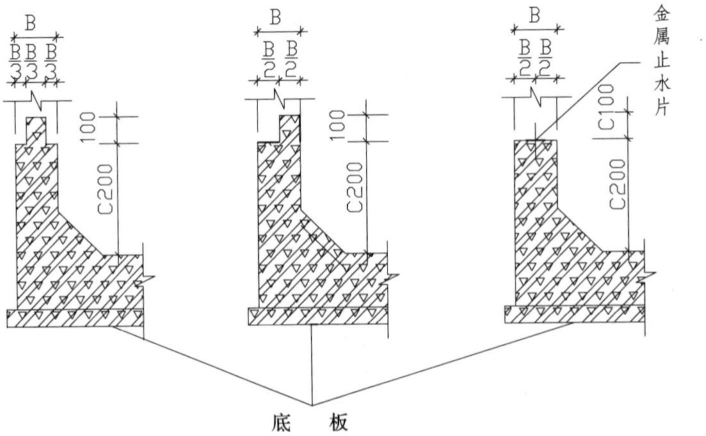

(a)楔口缝 (b)阶梯缝 (c)止水钢板

图 9-4 施工缝留置方法

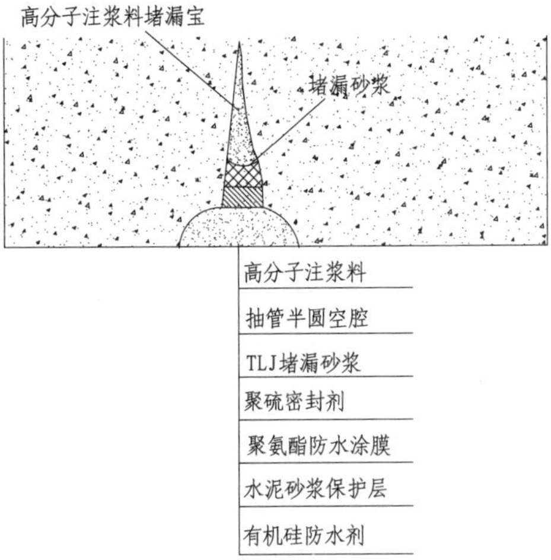

图 9-5 抽管法注浆堵漏方案（施工缝）

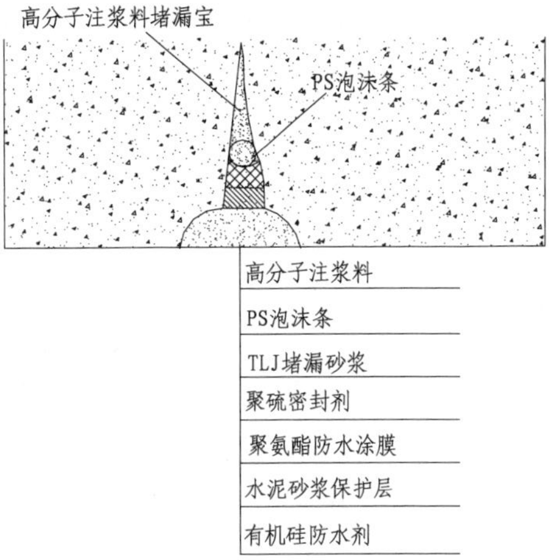

图 9-6 埋泡沫条注浆堵漏方案（施工缝）

9.4.3 预埋件及穿墙管件渗漏水防水堵漏方案

预埋件及穿墙管件大都采用钢铁材料，由于混凝土抗拉强度较低，只有其抗压强度的1/10 左右，所以选定如图 9-7 至图 9-9 所示三种注浆防水堵漏方案。

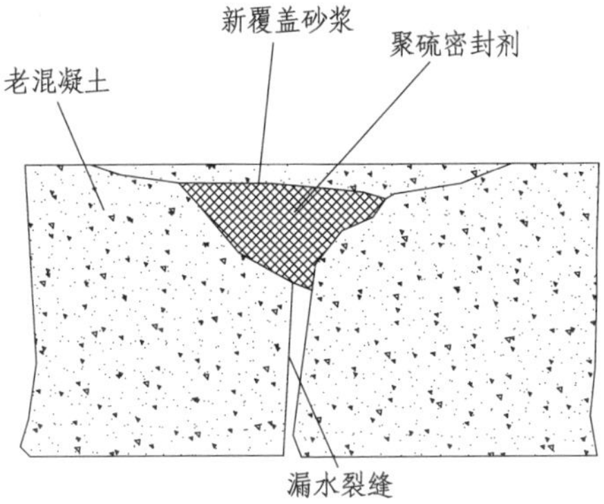

图 9-7 迎水面密封防水堵漏方案

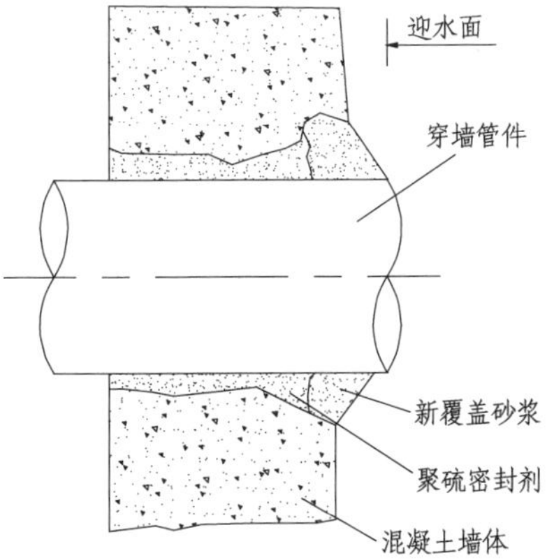

图 9-8 迎水面密封防水堵漏方案（穿墙管件）

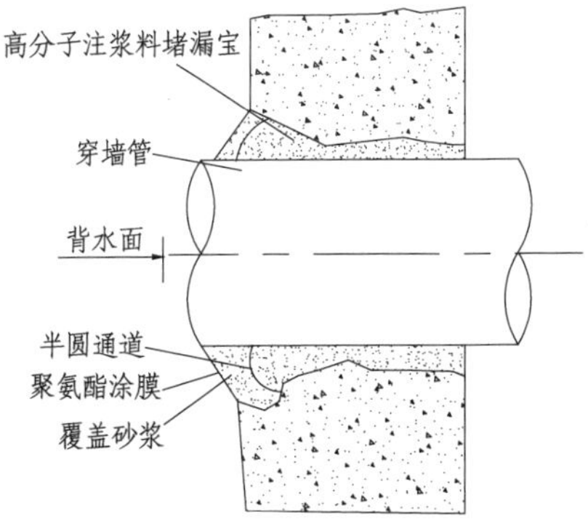

图 9-9 背水面密封防水堵漏方案（穿墙管件）

9.4.4 孔洞渗漏水防水堵漏方案

从毛细孔渗水到较大的蜂窝孔洞漏水均称为孔洞渗漏水。孔洞渗漏水的情况主要发生在混凝土浇捣不密实或由于混凝土搅拌不均局部强度低的地方。孔洞渗漏水根据水压及孔洞大小，分别采用堵漏或采用引水注浆加刚性抹面的方法堵漏（图 9-10、图 9-11）。

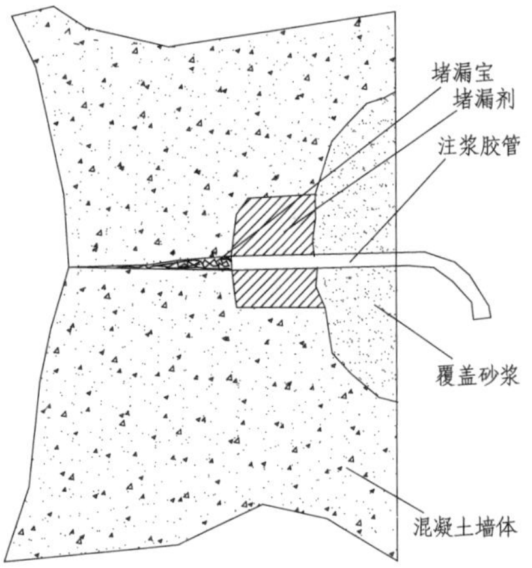

图 9-10 用堵漏剂治理孔洞渗漏水堵漏方案（孔洞）

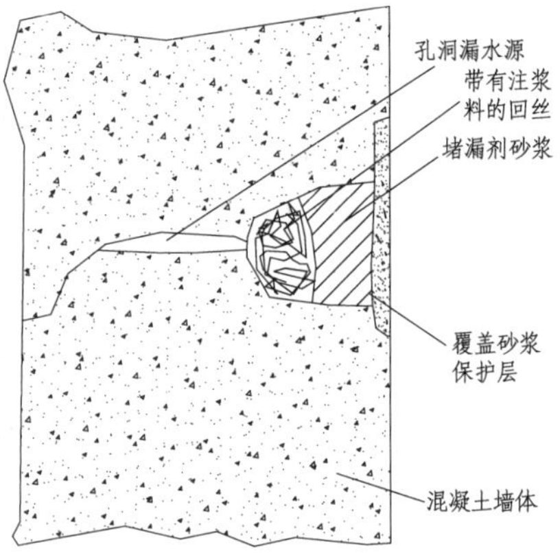

图 9-11 引水注浆治理孔洞渗漏水防水堵漏方法（孔洞）

10 人防工程示例

10.1 医疗救护工程

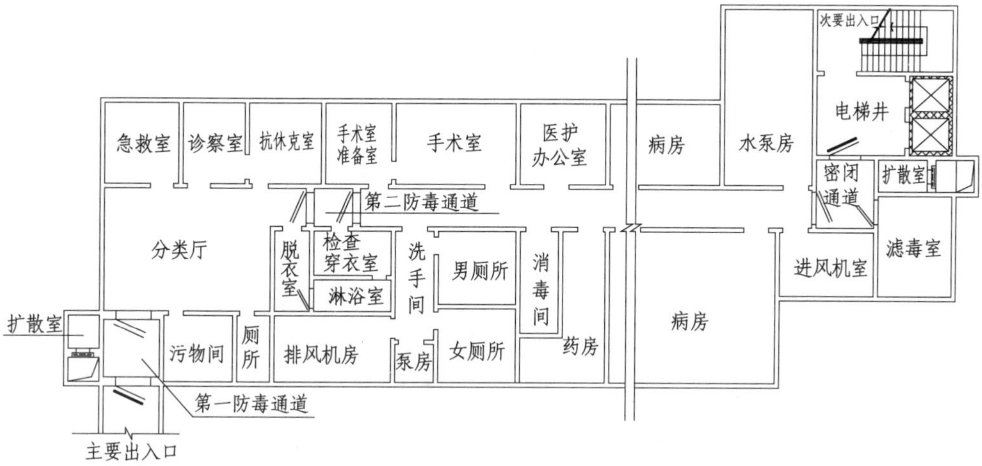

图 10-1 某人防医院

10.2 人员掩蔽工程

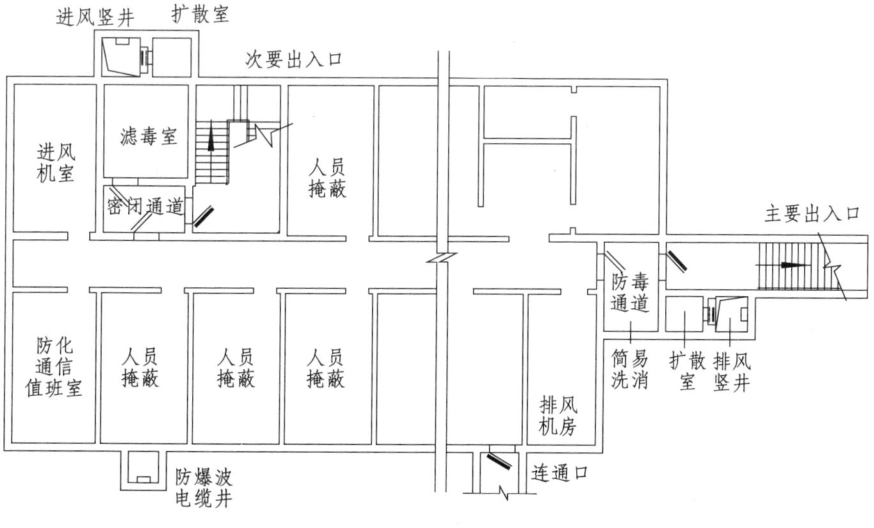

图 10-2 某人员掩蔽工程

10.3 防空专业队工程

10.3.1 防空专业队队员掩蔽部

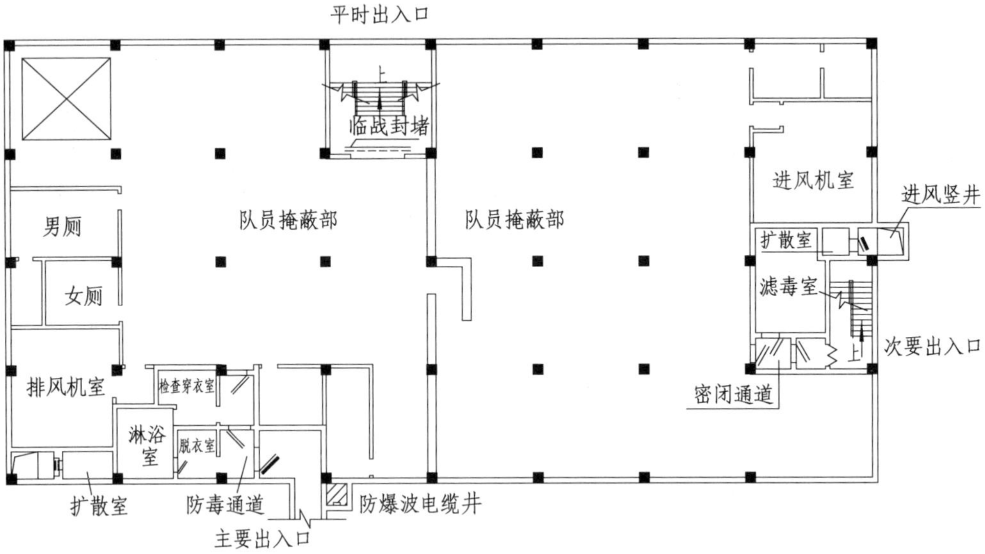

图 10-3 某专业队队员掩蔽部

10.3.2 防空专业队装备掩蔽部

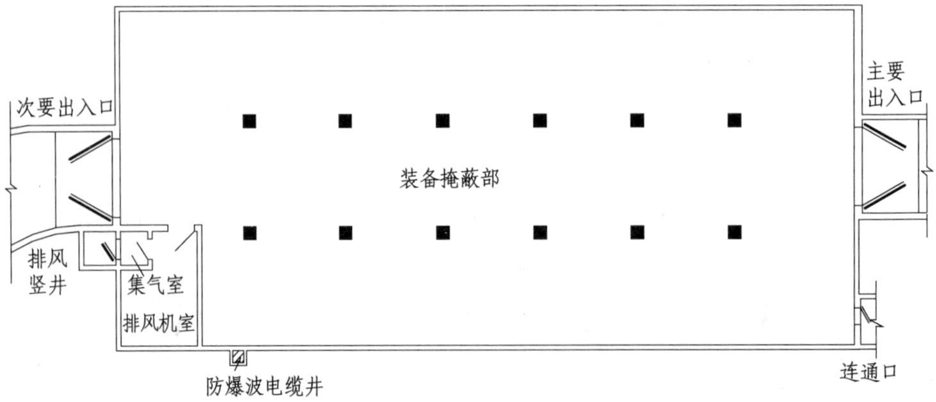

图 10-4 某专业队装备掩蔽部

10.4 配套工程

10.4.1 物资库

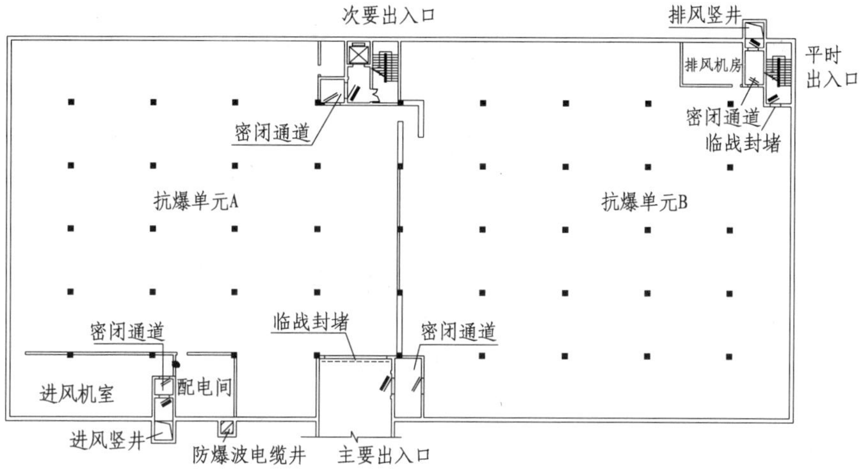

图 10-5 某物资库

10.4.2 区域电站

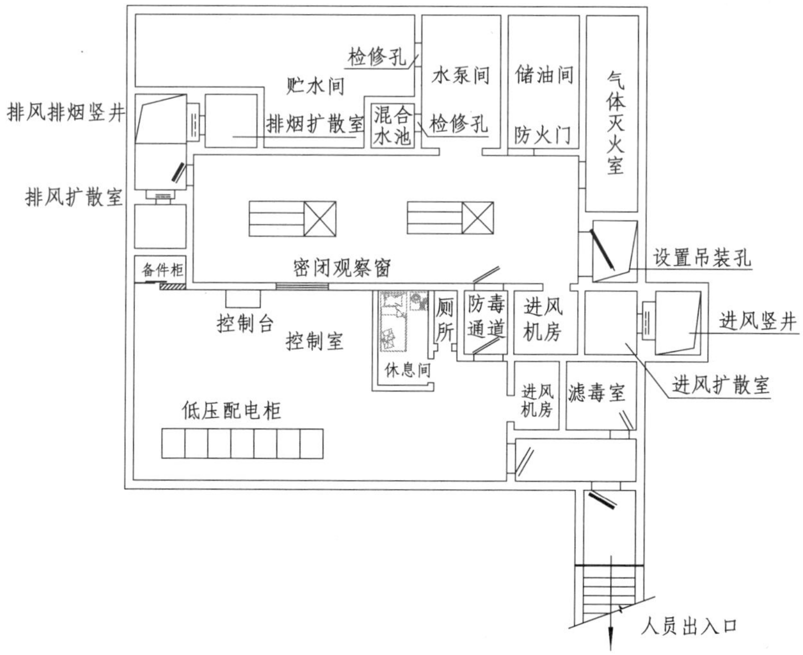

图 10-6 某区域电站

10.4.3 人防汽车库

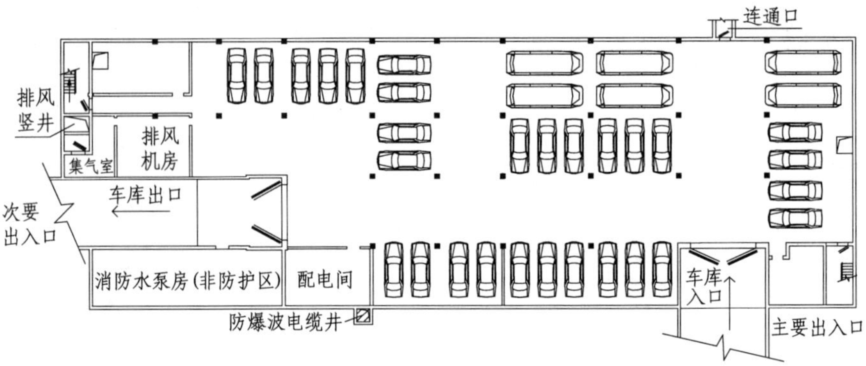

图 10-7 某人防汽车库

附录A 名词术语

1 平时 peacetime

和平时期的简称。国家或地区既无战争又无明显战争威胁的时期。

2 战时 wartime

战争时期的简称。国家或地区自开始转入战争状态直至战争结束的时期。

3 临战时 imminence of war

临战时期的简称。国家或地区自明确进入战前准备状态直至战争开始之前的时期。

4 人防工程 civil air defence

是战时掩蔽人员、物资等，保护人民生命和财产安全具有预定防护功能的建筑物。

5 防空地下室 air defence basement

具有预定战时防空功能的地下室。在房屋中室内地平面低于室外地平面的高度超过该房间净高 1/2 的为地下室。

6 指挥工程 command works

保障人防指挥机关战时工作的人防工程（包括防空地下室）。

7 医疗救护工程 works of medical treatment and rescue

战时对伤员独立进行早期救治工作的人防工程（包括防空地下室）。按照医疗分级和任务的不同，医疗救护工程可分为中心医院、急救医院和救护站等。

8 防空专业队工程 works of service team for civil air defence

保障防空专业队掩蔽和执行某些勤务的人防工程（包括防空地下室），一般称防空专业队掩蔽所。一个完整的防空专业队掩蔽所一般包括专业队队员掩蔽部和专业队装备（车辆）掩蔽部两个部分。但在目前的人防工程建设中，也可以将两个部分分开单独修建。防空专业队系指按专业组成的担负人民防空勤务的组织，其中包括抢险抢修、医疗救护、消防、防化防疫、通信、运输、治安等专业队。

9 人员掩蔽工程 personnel shelter

主要用于保障人员掩蔽的人防工程（包括防空地下室）。按照战时掩蔽人员的作用，人员掩蔽工程共分为两等：一等人员掩蔽所，指供战时坚持工作的政府机关、城市生活重要保障部门（电信、供电、供气、供水、食品等）、重要厂矿企业和其他战时有人员进出要求的人员掩蔽工程；二等人员掩蔽所，指战时留城的普通居民掩蔽所。

10 配套工程 indemnificatory works

系指战时的保障性人防工程（即指挥工程、医疗救护工程、防空专业队工程和人员掩蔽工程以外的人防工程总合），主要包括区域电站、区域供水站、人防物资库、人防汽车库、食品站、生产车间、人防交通干（支）道、警报站、核生化监测中心等工程。

11 冲击波 shock wave

空气冲击波的简称。武器爆炸在空气中形成的具有空气参数强间断面的纵波。

12　冲击波超压　positive pressure of shock wave

冲击波压缩区内超过周围大气压的压力值。

13　地面超压　surface positive pressure

系指防空地下室室外地面的冲击波超压峰值。

14　土中压缩波　compressive wave in soil

武器爆炸作用下，在土中传播并使其受到压缩的波。

15　主体　main part

人防工程中能满足战时防护及其主要功能要求的部分。对于有防毒要求的防空地下室，其主体指最里面一道密闭门以内的部分。

16　清洁区　airtight space

人防工程中能抵御预定的爆炸动荷载作用，且满足防毒要求的区域。

17　染毒区　airtightless space

人防工程中能抵御预定的爆炸动荷载作用，但允许染毒的区域。

18　防护单元　protective unit

在人防工程中，其防护设施和内部设备均能自成体系的使用空间。

19　抗爆单元　anti-bomb unit

在人防工程（或防护单元）中，用抗爆隔墙分隔的作用空间。

20　单元间平时通行口　peacetime connected entrance

为满足平时使用需要，在防护单元隔墙上开设的供平时通行、战时封堵的孔口。

21　人防围护结构　surrounding structure for civil air defence

人防工程中承受空气冲击波或土中压缩波直接作用的顶板、墙体和底板的总称。

22　外墙　periphery partition wall

人防工程中一侧与室外岩土接触，直接承受土中压缩波作用的墙体。

23　临空墙　blastproof partition wall

一侧直接受空气冲击波作用，另一侧为人防工程内部的墙体。

24　口部　gateway

人防工程的主体与地表面，或与其他地下建筑的连接部分。对于有防毒要求的防空地下室，其口部指最里面一道密闭门以外的部分，如扩散室、密闭通道、防毒通道、洗消间（简易洗消间）、除尘室、滤毒室和竖井、防护密闭门以外的通道等。

25　室外出入口　outside entrance

通道的出地面段（无防护顶盖段）位于防空地下室上部建筑投影范围以外的出入口。

26　室内出入口　indoor entrance

通道的出地面段（无防护顶盖段）位于防空地下室上部建筑投影范围以内的出入口。

27　连通口　connected entrance

在地面以下与其他人防工程（包括防空地下室）相连通的出入口。

28　主要出入口　main entrance

战时空袭前、空袭后，人员或车辆进出较有保障，且使用较为方便的出入口。

29　次要出入口　secondary entrance

战时主要供空袭前使用，当空袭使地面建筑遭破坏后可不使用的出入口。

30 备用出入口 alternate exit

战时一般情况下不使用，当其他出入口遭破坏或堵塞时应急使用的出入口。

31 直通式出入口 straight entrance

防护门（防护密闭门）外的通道在水平方向上没有转折通至地面的出入口。

32 单向式出入口 entrance with one turning

防护门（防护密闭门）外的通道在水平方向上有垂直转折，并从一个方向通至地面的出入口。

33 穿廊式出入口 porchentrance

防护门（防护密闭门）外的通道出入端从两个方向通至地面的出入口。

34 竖井式出入口 vertical entrance

防护门（防护密闭门）外的通道出入端从竖井通至地面的出入口。

35 楼梯式出入口 entrance with stairs

防护门（防护密闭门）外的通道出入端从楼梯通至地面的出入口。

36 滤毒室 gas-filtering room

装有通风滤毒设备的专用房间。

37 密闭通道 airtightpassage

由防护密闭门与密闭门之间或两道密闭门之间所构成的，并仅依靠密闭隔绝作用阻挡毒剂侵入室内的密闭空间。在室外染毒情况下，通道不允许人员出入。

38 防毒通道 air-lock

由防护密闭门与密闭门之间或两道密闭门之间所构成的，具有通风换气条件，依靠超压排风阻挡毒剂侵入室内的空间。在室外染毒情况下，通道允许人员出入。

39 洗消间 decontamination room

供染毒人员通过和全身清除有害物的房间。通常由脱衣室、淋浴室和检查穿衣室组成。

40 简易洗消间 simple decontamination room

供染毒人员清除局部皮肤上有害物的房间。

41 口部建筑 gateway building

口部地面建筑物的简称。在人防工程出入口通道出地面段上方建造的小型地面建筑物。

42 防倒塌棚架 collapse-proof shed

设置在出入口通道出地面段上方，用于防止口部堵塞的棚架。棚架能在预定的冲击波和地面建筑物倒塌荷载作用下不致坍塌。

43 人防有效面积 effective floor area for civil air defenc

能供人员、设备使用的面积。其值为人防工程建筑面积与结构面积之差。

44 掩蔽面积 sheltering area

供掩蔽人员、物资、车辆使用的有效面积。其值为与防护密闭门（和防爆波活门）相连接的临空墙、外墙外边缘形成的建筑面积扣除结构面积和下列各部分面积后的面积：①口部房间、防毒通道、密闭通道面积；②通风、给排水、供电、防化、通信等专业设备房间面积；③厕所、盥洗室面积。

45 平时通风 ventilation in peacetime

保障人防工程平时功能的通风。

46 战时通风 war time ventilation

保障人防工程战时功能的通风。包括清洁通风、滤毒通风、隔绝通风三种方式。

47 清洁通风 clean ventilation

室外空气未受毒剂等物污染时的通风。

48 滤毒通风 gas filtration ventilation

室外空气受毒剂等物污染，需经特殊处理时的通风。

49 隔绝通风 isolated ventilation

室内外停止空气交换，由通风机使室内空气实施内循环的通风。

50 超压排风 overpressure exhaust

靠室内正压排除其室内废气的排风方式。有全室超压排风和室内局部超压排风两种。

51 密闭阀门 airtight valve

保障通风系统密闭防毒的专用阀门。包括手动式和手、电动两用式密闭阀门。

52 过滤吸收器 gas particulate filter

装有滤烟和吸毒材料，能同时消除空气中的有害气体、蒸汽及气溶胶微粒的过滤器。是精滤器与滤毒器合为一体的过滤器。

53 自动排气活门 automatic exhaust valve

超压自动排气活门的简称。靠活门两侧空气压差作用自动启闭的具有抗冲击波余压功能的排风活门。能直接抗冲击波作用压力的自动排气活门，称防爆自动排气活门。

54 防化通信值班室 CBR protection and communication room

人防工程室内用作防化、通信人员值班的工作房间。

55 防爆地漏 blastproof floor drain

战时能防止冲击波和毒剂等进入防空地下室室内的地漏。

56 防爆波化粪池 blastproof septic tank

能防止冲击波和毒剂等由排水管道进入人防工程室内的化粪池。

57 防爆波电缆井 anti-explosion cable pit

能防止冲击波沿电缆侵入防空地下室室内的电缆井。

58 内部电源 internal power source

设置在人防工程内部，具有防护功能的电源。通常为柴油发电机组或蓄电池组。按其与用电工程的相互关系可分为区域电源和自备电源。

59 区域电源 regional internal power source

能供给在供电半径范围内多个人防工程用电的内部电源。

60 自备电源 self-reserve power source

设置在人防工程内部的电源。

61 内部电站 internal power station

设置在人防工程内部的柴油电站。按其设置的机组情况，可分为固定电站和移动电站。

62 区域电站 regional power station

独立设置或设置在某个人防工程内，能供给多个人防工程电源而设置的柴油电站，并具有与所供人防工程抗力一致的防护功能。

63 固定电站 immobile power station

发电机组固定设置，且具有独立的通风、排烟、贮油等系统的柴油电站。

64 移动电站 mobile power station

具有运输条件，发电机组可方便设置就位，且具有专用通风、排烟系统的柴油电站。

附录B 中华人民共和国人民防空法

（1996年10月29日第八届全国人民代表
大会常务委员会第二十二次会议通过）

第一章 总 则

第一条 为了有效地组织人民防空，保护人民的生命和财产安全，保障社会主义现代化建设的顺利进行，制定本法。

第二条 人民防空是国防的组成部分。国家根据国防需要，动员和组织群众采取防护措施，防范和减轻空袭危害。

人民防空实行长期准备、重点建设、平战结合的方针，贯彻与经济建设协调发展、与城市建设相结合的原则。

第三条 县级以上人民政府应当将人民防空建设纳入国民经济和社会发展计划。

第四条 人民防空经费由国家和社会共同负担。

中央负担的人民防空经费，列入中央预算；县级以上地方各级人民政府负担的人民防空经费，列入地方各级预算。

有关单位应当按照国家规定负担人民防空费用。

第五条 国家对人民防空设施建设按照有关规定给予优惠。

国家鼓励、支持企业事业组织、社会团体和个人，通过多种途径，投资进行人防工程建设；人防工程平时由投资者使用管理，收益归投资者所有。

第六条 国务院、中央军事委员会领导全国的人民防空工作。

大军区根据国务院、中央军事委员会的授权领导本区域的人民防空工作。

县级以上地方各级人民政府和同级军事机关领导本行政区域的人民防空工作。

第七条 国家人民防空主管部门管理全国的人民防空工作。

大军区人民防空主管部门管理本区域的人民防空工作。

县级以上地方各级人民政府人民防空主管部门管理本行政区域的人民防空工作。

中央国家机关人民防空主管部门管理中央国家机关的人民防空工作。

人民防空主管部门的设置、职责和任务，由国务院、中央军事委员会规定。

县级以上人民政府的计划、规划、建设等有关部门在各自的职责范围内负责有关的人民防空工作。

第八条 一切组织和个人都有得到人民防空保护的权利，都必须依法履行人民防空的义务。

第九条 国家保护人民防空设施不受侵害。禁止任何组织或者个人破坏、侵占人民防空设施。

第十条 县级以上人民政府和军事机关对在人民防空工作中做出显著成绩的组织或者个人，给予奖励。

第二章 防护重点

第十一条 城市是人民防空的重点。国家对城市实行分类防护。

城市的防护类别、防护标准，由国务院、中央军事委员会规定。

第十二条 城市人民政府应当制定防空袭方案及实施计划，必要时可以组织演习。

第十三条 城市人民政府应当制定人防工程建设规划，并纳入城市总体规划。

第十四条 城市的地下交通干线以及其他地下工程的建设，应当兼顾人民防空需要。

第十五条 为战时储备粮食、医药、油料和其他必需物资的工程，应当建在地下或者其他隐蔽地点。

第十六条 对重要的经济目标，有关部门必须采取有效防护措施，并制定应急抢险抢修方案。

前款所称重要的经济目标，包括重要的工矿企业、科研基地、交通枢纽、通信枢纽、桥梁、水库、仓库、电站等。

第十七条 人民防空主管部门应当依照规定对城市和经济目标的人民防空建设进行监督检查。被检查单位应当如实提供情况和必要的资料。

第三章 人防工程

第十八条 人防工程包括为保障战时人员与物资掩蔽、人民防空指挥、医疗救护等而单独修建的地下防护建筑，以及结合地面建筑修建的战时可用于防空的地下室。

第十九条 国家对人防工程建设，按照不同的防护要求，实行分类指导。

国家根据国防建设的需要，结合城市建设和经济发展水平，制定人防工程建设规划。

第二十条 建设人防工程，应当在保证战时使用效能的前提下，有利于平时的经济建设、群众的生产生活和工程的开发利用。

第二十一条 人民防空指挥工程、公用的人员掩蔽工程和疏散干道工程由人民防空主管部门负责组织修建；医疗救护、物资储备等专用工程由其他有关部门负责组织修建。

有关单位负责修建本单位的人员与物资掩蔽工程。

第二十二条 城市新建民用建筑，按照国家有关规定修建战时可用于防空的地下室。

第二十三条 人防工程建设的设计、施工、质量必须符合国家规定的防护标准和质量标准。

人防工程专用设备的定型、生产必须符合国家规定的标准。

第二十四条 县级以上人民政府有关部门对人防工程所需的建设用地应当依法予以保障；对人防工程连接城市的道路、供电、供热、供水、排水、通信等系统的设施建设，应当提供必要的条件。

第二十五条 人民防空主管部门对人防工程的维护管理进行监督检查。

公用的人防工程的维护管理由人民防空主管部门负责。

有关单位应当按照国家规定对已经修建或者使用的人防工程进行维护管理，使其保持良好使用状态。

第二十六条 国家鼓励平时利用人防工程为经济建设和人民生活服务。平时利用人防工程，不得影响其防空效能。

第二十七条 任何组织或者个人不得进行影响人防工程使用或者降低人防工程防护能力的作用，不得向人防工程内排入废水、废气和倾倒废弃物，不得在人防工程内生产、储存爆炸、剧毒、易燃、放射性和腐蚀性物品。

第二十八条 任何组织或者个人不得擅自拆除本法第二十一条规定的人防工程；确需拆除的，必须报经人民防空主管部门批准，并由拆除单位负责补建或者补偿。

第四章 通信和警报

第二十九条 国家保障人民防空通信、警报的畅通，以迅速准确地传递、发放防空警报信号，有效地组织、指挥人民防空。

第三十条 国家人民防空主管部门负责制定全国的人民防空通信、警报建设规划，组织全国的人民防空通信、警报网的建设和管理。

县级以上地方各级人民政府人民防空主管部门负责制定本行政区域的人民防空通信、警报建设规划，组织本行政区域人民防空通信、警报网的建设和管理。

第三十一条 邮电部门、军队通信部门和人民防空主管部门应当按照国家规定的任务和人民防空通信、警报建设规划，对人民防空通信实施保障。

第三十二条 人民防空主管部门建设通信、警报网所需的电路、频率，邮电部门、军队通信部门、无线电管理机构应当予以保障；安装人民防空通信、警报设施，有关单位或者个人应当提供方便条件，不得阻挠。

国家用于人民防空通信的专用频率和防空警报音响信号，任何组织或者个人不得占用、混同。

第三十三条 通信、广播、电视系统，战时必须优先传递、发放防空警报信号。

第三十四条 军队有关部门应当向人民防空主管部门通报空中情报，协助训练有关专业人员。

第三十五条 人民防空通信、警报设施必须保持良好使用状态。

设置在有关单位的人民防空警报设施，由其所在单位维护管理，不得擅自拆除。

县级以上地方各级人民政府根据需要可以组织试鸣防空警报；并在试鸣的五日以前发布公告。

第三十六条 人民防空通信、警报设施平时应当为抢险救灾服务。

第五章 疏　　散

第三十七条 人民防空疏散由县级以上人民政府人防统一组织。

人民防空疏散必须根据国家发布的命令实施，任何组织不得擅自行动。

第三十八条 城市人民防空疏散计划，由县级以上人民政府根据需要组织有关部门制定。

预定的疏散地区，在本行政区域内的，由本级人民政府确定；跨越本行政区域的，由上一级人民政府确定。

第三十九条 县级以上人民政府应当组织有关部门和单位，做好城市疏散人口安置和物资储运、供应的准备工作。

第四十条 农村人口在有必要疏散时，由当地人民政府按照就近的原则组织实施。

第六章 群众防空组织

第四十一条 县级以上地方各级人民政府应当根据人民防空需要，组织有关部门建立群众防空组织。

群众防空组织战时担负抢险抢修、医疗救护、防火灭火、防疫灭菌、消毒和消除沾染、保障通信联络、抢救人员和抢运物资、维护社会治安等任务，平时应当协助防汛、防震等部门担负抢险救灾任务。

第四十二条 群众防空组织由下列部门负责组建：

（一）城建、公用、电力等部门组建抢险抢修队；

（二）卫生、医药部门组建医疗救护队；

（三）公安部门组建消防队、治安队；

（四）卫生、化工、环保等部门组建防化防疫队；

（五）邮电部门组建通信队；

（六）交通运输部门组建运输队。

红十字会组织依法进行救护工作。

第四十三条 群众防空组织所需装备、器材和经费由人民防空主管部门和组建单位提供。

第四十四条 群众防空组织应当根据人民防空主管部门制定的训练大纲和训练计划进行专业训练。

第七章 人民防空教育

第四十五条 国家开展人民防空教育，使公民增强国防观念，掌握人民防空的基本知识和技能。

第四十六条 国家人民防空主管部门负责组织制定人民防空教育计划，规定教育内容。

在校学生的人民防空教育，由各级教育主管部门和人民防空主管部门组织实施。

国家机关、社会团体、企业事业组织人员的人民防空教育，由所在单位组织实施；其他人员的人民防空教育，由城乡基层人民政府组织实施。

第四十七条 新闻、出版、广播、电影、电视、文化等有关部门应当协助开展人民防空教育。

第八章 法律责任

第四十八条 城市新建民用建筑，违反国家有关规定不修建战时可用于防空的地下室的，由县级以上人民政府人民防空主管部门对当事人给予警告，并责令限期修建，可以并处十万元以下的罚款。

第四十九条 有下列行为之一的，由县级以上人民政府人民防空主管部门对当事人给予警告，并责令限期改正违法行为，可以对个人并处五千元以下的罚款、对单位并处一万元至五万元的罚款；造成损失的，应当依法赔偿损失：

（一）侵占人防工程的；

（二）不按照国家规定的防护标准和质量标准修建人防工程的；

（三）违反国家有关规定，改变人防工程主体结构、拆除人防工程设备设施或者采用其他方法危害人防工程的安全和使用效能的；

（四）拆除人防工程后拒不补建的；

（五）占用人民防空通信专用频率、使用与防空警报相同的音响信号或者擅自拆除人民防空通信、警报设备设施的；

（六）阻挠安装人民防空通信、警报设施，拒不改正的；

（七）向人防工程内排入废水、废气或者倾倒废弃物的。

第五十条 违反本法规定，故意损坏人民防空设施或者在人防工程内生产、储存爆炸、剧毒、易燃、放射性等危险品，尚不构成犯罪的，依照治安管理处罚条例的有关规定处罚；构成犯罪的，依法追究刑事责任。

第五十一条 人民防空主管部门的工作人员玩忽职守、滥用职权、徇私舞弊或者有其他违法、失职行为构成犯罪的，依法追究刑事责任；尚不构成犯罪的，依法给予行政处分。

第九章 附 则

第五十二条 省、自治区、直辖市人民代表大会常务委员会可以根据本法制定实施办法。

第五十三条 本法自 1997 年 1 月 1 日起施行。

附录C 城市地下空间开发利用管理规定

（1997年10月27日建设部令第58号发布，2001年11月20日根据“建设部关于修改‘城市地下空间开发利用管理规定’的决定”修正）

第一章 总 则

第一条 为了加强对城市地下空间开发利用的管理，合理开发城市地下空间资源，适应城市现代化和城市可持续发展建设的需要，依据《中华人民共和国城市规划法》及有关法律、法规，制定本规定。

第二条 编制城市地下空间规划，对城市规划区范围内的地下空间进行开发利用，必须遵守本规定。

本规定所称的城市地下空间，是指城市规划区内地表以下的空间。

第三条 城市地下空间的开发利用应贯彻统一规划、综合开发、合理利用、依法管理的原则，坚持社会效益、经济效益和环境效益相结合，考虑防灾和人民防空等需要。

第四条 国务院建设行政主管部门负责全国城市地下空间的开发利用管理工作。

省、自治区人民政府建设行政主管部门负责本行政区域内城市地下空间的开发利用管理工作。

直辖市、市、县人民政府建设行政主管部门和城市规划行政主管部门按照职责分工，负责本行政区域内城市地下空间的开发利用管理工作。

第二章 城市地下空间的规划

第五条 城市地下空间规划是城市规划的重要组成部分。各级人民政府在组织编制城市总体规划时，应根据城市发展的需要，编制城市地下空间开发利用规划。

各级人民政府在编制城市详细规划时，应当依据城市地下空间开发利用规划对城市地下空间开发利用作出具体规定。

第六条 城市地下空间开发利用规划的主要内容包括：地下空间现状及发展预测，地下空间开发战略，开发层次、内容、期限，规模与布局，以及地下空间开发实施步骤等。

第七条 城市地下空间的规划编制应注意保护和改善城市的生态环境，科学预测城市发展的需要，坚持因地制宜、远近兼顾、全面规划、分步实施，使城市地下空间的开发利用同国家和地方的经济技术发展水平相适应。城市地下空间规划应实行竖向分层立体综合开发，横向相关空间互相连通，地面建筑与地下工程协调配合。

第八条 编制城市地下空间规划必备的城市勘察、测量、水文、地质等资料应当符合国家有关规定。承担编制任务的单位，应当符合国家规定的资质要求。

第九条 城市地下空间规划作为城市规划的组成部分，依据《城市规划法》的规定进行审批和调整。

城市地下空间建设规划由城市人民政府城市规划行政主管部门负责审查后，报城市人民政府批准。

城市地下空间规划需要变更的，须经原批准机关审批。

第三章　城市地下空间的工程建设

第十条　城市地下空间的工程建设必须符合城市地下空间规划，服从规划管理。

第十一条　附着地面建筑进行地下工程建设，应随地面建筑一并向城市规划行政主管部门申请办理选址意见书、建设用地规划许可证、建设工程规划许可证。

第十二条　独立开发的地下交通、商业、仓储、能源、通讯、管线、人防工程等设施，应持有关批准文件、技术资料，依据《城市规划法》的有关规定，向城市规划行政主管部门申请办理选址意见书、建设用地规划许可证、建设工程规划许可证。

第十三条　建设单位或者个人在取得建设工程规划许可证和其他有关批准文件后，方可向建设行政主管部门申请办理建设工程施工许可证。

第十四条　地下工程建设应符合国家有关规定、标准和规范。

第十五条　地下工程的勘察设计，应由具备相应资质的勘察设计单位承担。

第十六条　地下工程设计应满足地下空间对环境、安全和设施运行、维护等方面的使用要求，使用功能与出入口设计应与地面建设相协调。

第十七条　地下工程的设计文件应当按照国家有关规定进行设计审查。

第十八条　地下工程的施工应由具备相应资质的施工单位承担，确保工程质量。

第十九条　地下工程必须按照设计图纸进行施工。施工单位认为有必要改变设计方案的，应由原设计单位进行修改，建设单位应重新办理审批手续。

第二十条　地下工程的施工，应尽量避免因施工干扰城市正常的交通和生活秩序，不得破坏现有建筑物，对临时损坏的地表地貌应及时恢复。

第二十一条　地下工程施工应当推行工程监理制度。

第二十二条　地下工程的专用设备、器材的定型、生产应当执行国家统一标准。

第二十三条　地下工程竣工后，建设单位应当组织设计、施工、工程监理等有关单位进行竣工验收，经验收合格的方可交付使用。

建设单位应当自竣工验收合格之日起 15 日内，将建设工程竣工验收报告和规划、公安消防、环保等部门出具的认可文件或者准许使用文件报建设行政主管部门或者其他有关部门备案，并及时向建设行政主管部门或者其他有关部门移交建设项目档案。

第四章　城市地下空间的工程管理

第二十四条　城市地下工程由开发利用的建设单位或者使用单位进行管理，并接受建设行政主管部门的监督检查。

第二十五条　地下工程应本着“谁投资、谁所有、谁受益、谁维护”的原则，允许建设单位对其投资开发建设的地下工程自营或者依法进行转让、租赁。

第二十六条 建设单位或者使用单位应加强地下空间开发利用工程的使用管理，做好工程的维护管理和设施维修、更新，并建立健全维护管理制度和工程维修档案，确保工程、设备处于良好状态。

第二十七条 建设单位或者使用单位应当建立健全地下工程的使用安全责任制度，采取可行的措施，防范发生火灾、水灾、爆炸及危害人身健康的各种污染。

第二十八条 建设单位或者使用单位在使用或者装饰装修中不得擅自改变地下工程的结构设计，需改变原结构设计的，应当由具备相应资质的设计单位设计，并按照规定重新办理审批手续。

第二十九条 平战结合的地下工程，平时由建设或者使用单位进行管理，并应保证战时能迅速提供有关部门和单位使用。

第五章 罚　　则

第三十条 进行城市地下空间的开发建设，违反城市地下空间的规划及法定实施管理程序规定的，由县级以上人民政府城市规划行政主管部门依法处罚。

第三十一条 有下列行为之一的，县级以上人民政府建设行政主管部门根据有关法律、法规处罚。

（一）未领取建设工程施工许可证擅自开工，进行地下工程建设的；

（二）设计文件未按照规定进行设计审查，擅自施工的；

（三）不按照工程设计图纸进行施工的；

（四）在使用或者装饰装修中擅自改变地下工程结构设计的；

（五）地下工程的专用设备、器材的定型、生产未执行国家统一标准的。

第三十二条 在城市地下空间的开发利用管理工作中，建设行政主管部门和城市规划行政主管部门工作人员玩忽职守、滥用职权、徇私舞弊，依法给予行政处分；构成犯罪的，依法追究刑事责任。

第六章 附　　则

第三十三条 省、自治区人民政府建设行政主管部门、直辖市人民政府建设行政主管部门和城市规划行政主管部门可根据本规定制定实施办法。

第三十四条 本规定由国务院建设行政主管部门负责解释。

第三十五条 本规定自1997年12月1日起施行。

附录D 人防工程设计常用规范、标准目录

1.《人民防空工程设计规范》GB 50225—2005

2.《人民防空地下室设计规范》GB 50038—2005

3.《人民防空地下室设计规范图示》—05SFJ10 建筑、05SFK10 通风、05SFS10 给排水、05SFD10 电气

4.《人民防空工程设计防火规范》GB 50098—98

5.《人民防空工程防化设计规范》

6.《人民防空指挥工程设计标准》

7.《人民防空医疗救护工程设计标准》

8.《人民防空工程柴油电站设计标准》

9.《人防工程防早期核辐射设计规范》(尚未正式发布)

10.《地下工程防水技术规范》GB 50108—2001

11.《人民防空工程智能化系统设计标准》RFJ 01—2006

12.《人民防空工程电磁脉冲防护设计规范》RFJ 01—2001

13.《人防工程大样图集》—2002RJ 建筑、2002RG 结构、2002RF 通风、2002RS 给水排水、2002RD 电气、2002RM 防护密闭门门框墙

14.《防空地下室建筑设计图集(合订本)》FJ01~04

15.《防空地下室结构设计图集(合订本)》FG01~03

16.《防空地下室通风设计图集(合订本)》FK01~02

17.《防空地下室给排水设计图集(合订本)》FS01~02

18.《防空地下室电气设计图集(合订本)》FD01~02

19.《防空地下室室外出入口部钢结构装配式防倒塌棚架建筑结构(设计、加工)》05SFJ05、05SFG04

20.《人民防空工程防护设备图集》RFJ 01—2005

参考文献

[1] 中华人民共和国人民防空法. 2006
[2] 人民防空工程设计规范 GB 50225—2005
[3] 人民防空地下室设计规范 GB 50038—2005
[4] 人民防空地下室设计规范图示—05SFJ10 建筑，2006
[5] 周璧华，等. 人防工程电磁脉冲防护设计. 北京：国防工业出版社，2006
[6] 陈志龙. 人民防空工程技术与管理. 北京：中国建筑工业出版社，2004
[7] 朱培根，等. 防空地下室设计手册. 中国建筑标准设计研究院，2006
[8] 朱忠吉，杨延军. 建筑概论. 工程兵工程学院，1997
[9] 吴政宏，王胜利. 高技术条件下人民防空. 北京：军事科学出版社，2000
[10] 钱七虎. 民防学. 北京：国防工业出版社，1996
[11] 卿晓霞. 建筑设备自动化. 重庆：重庆大学出版社，2002
[12] 首届全国人防工程内部环境与设备论文集. 全国人防工程内部环境与设备研究中心. 2001